浙江省重点专业建设项目－土木工程（41652002Z）经费资助

"十三五"普通高等教育本科系列教材

U0831187

土木工程材料
实验教程

主　　编　薛力梨

编　　写　蒋元海　刘红飞　黄发军

中国电力出版社
CHINA ELECTRIC POWER PRESS

内 容 提 要

本书为“十三五”普通高等教育本科系列教材。

本书主要包括实验指导书和实验报告两部分内容。全书重点介绍了土木工程材料性能试验的基本方法、试验设备的性能和操作规程，以帮助读者掌握各种主要材料的技术性能，以及基本的试验技能，培养综合设计试验的能力、创新能力和严谨的科学态度。书中引用了最新材料试验标准，并根据需要增加了实际工程中经常用到的试验方法。

本书主要作为普通高等院校土木工程、工程管理、工程造价、建筑学、城市规划等专业的实验用书，也可以供工程设计、施工、科研等人员学习参考。

图书在版编目（CIP）数据

土木工程材料实验教程/薛力梨主编. —北京：中国电力出版社，2016.6（2021.10 重印）

“十三五”普通高等教育本科规划教材

ISBN 978-7-5123-9370-7

Ⅰ. ①土… Ⅱ. ①薛… Ⅲ. ①土木工程－建筑材料－实验－高等学校－教材 Ⅳ. ①TU502

中国版本图书馆 CIP 数据核字（2016）第 111496 号

中国电力出版社出版、发行

（北京市东城区北京站西街 19 号 100005 http：//www. cepp. sgcc. com. cn）

北京九州迅驰传媒文化有限公司印刷

各地新华书店经售

*

2016 年 6 月第一版　　2021 年 10 月北京第四次印刷

787 毫米×1092 毫米　16 开本　5 印张　110 千字

定价 **16.00** 元

版 权 专 有　侵 权 必 究

本书如有印装质量问题，我社营销中心负责退换

前　言

土木工程材料课程是一门实践性较强的课程。土木工程材料实验是这门课的一个重要实践教学环节。学习材料实验的目的在于熟悉、验证、巩固所学的理论知识，增加感性认识。通过实验，使学生熟悉土木工程材料性能实验的基本方法、实验设备的性能和操作规程，掌握各种主要土木工程材料的技术性能，培养学生的基本实验技能、综合设计实验的能力、创新能力和严谨的科学态度，可以进行科学研究的基本训练，提高分析问题和解决问题的能力。

本实验教程第一部分为实验指导书，引用了最新版材料实验标准，如GB/T 1346—2011《水泥标准稠度用水量、凝结时间、安定性检验方法》等，并根据其中的材料实验大纲做了一定取舍，且不包括所有土木工程材料实验的内容。最后增加了一些实际工程中常用到但是一般实验教材没有体现的实验方法，以供感兴趣的学生课外学习，也可以为做科研项目的学生提供实验方法参考。第二部分为实验报告，供学生记录及处理实验数据。

全书由嘉兴学院建筑工程实验室建筑材料室老师编写完成，书中不足之处请读者批评指正。

编　者

2016年1月

目　　录

学 生 实 验 须 知

一、学生进行实验前必须接受实验室安全文明和遵章守纪教育，认真学习有关实验室的规定和设备的操作规程。

二、学生必须按时上实验课，不无故缺席、迟到或早退。无故迟到者，指导人员有权停止其实验。未做实验者或实验考核不合格者不能参加该课程考试。

三、实验前应认真预习，明确实验目的、步骤，初步了解实验所用仪器的性能及使用方法。准备不合格者，必须重新预习，否则不能做实验。

四、进入实验室后，应严格遵守实验室各项规章制度。不高声喧嚷，不随便串走，不搬弄与本实验无关的仪器设备。

五、服从实验指导人员指导，严格按规程进行操作，认真地观察和分析实验现象，实事求是地记录实验数据，不得草率从事，不得抄袭他人实验结果，培养严谨的科学实验精神。

六、实验过程中要注意安全，如仪器设备发生故障，应立即报告指导人员并及时处理。发生事故应采取紧急措施（如切断电源、灭火），保护现场，及时上报。

七、实验中要节约水、电、药品、打印纸、元件、原材料等，并要保护仪器设备和实验室设施。

八、实验中不准将固体物品或有腐蚀性液体倒入水槽，废碱和废液应倒入指定的容器中。

九、实验完毕后，应主动整理好仪器设备和实验工具，关闭水、气、电源。实验室内任何物资不得擅自带出，并保持实验室整齐清洁。

十、认真分析实验结果，科学处理实验数据，按时完成实验报告和实验作业。

十一、凡违反实验操作规程或擅自动用其他仪器设备而导致仪器设备损坏等事故者，必须写出书面检查，并按《损坏、丢失仪器设备赔偿办法》的有关规定进行赔偿。

十二、学生拟利用业余时间重做实验，须事先与实验室预约，按实验规程操作。重做实验应根据学校的有关规定酌情付费。

试验一　水　泥　试　验

水泥试验中对材料的一般要求如下：

（1）水泥试样应充分拌匀。

（2）试验用水必须是洁净的淡水。

（3）水泥试样、标准砂、拌和用水等的温度应与试验室温度相同。

1　水泥标准稠度用水量测定

1.1　主要仪器设备

（1）水泥净浆搅拌机：由搅拌锅、搅拌叶片、传动机构和控制系统组成，搅拌叶片以双转双速转动。

（2）测定水泥标准稠度与凝结时间的维卡仪（见图 1－1）：包括试杆和试模。锥体滑动

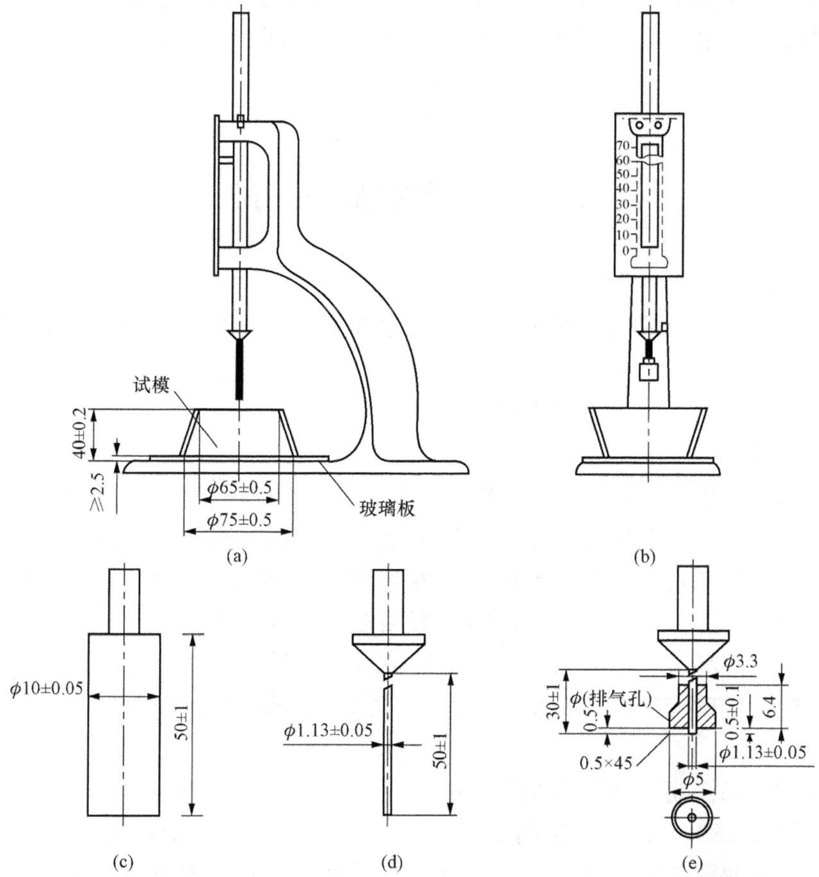

图 1－1　测定水泥标准稠度和凝结时间用的维卡仪及试杆、试针

（a）初凝时间测定用立式试模的侧视图；（b）终凝时间测定用反转试模的前视图；

（c）标准稠度试杆；（d）初凝用试针；（e）终凝用试针

部分的总质量为 300g±2g。

1.2 试验步骤

标准稠度用水量以试杆法为准，GB/T 1346—2011 中规定的试锥法可作为代用法。

(1) 试验前须检查：仪器金属棒能否自由滑动；试杆降至模顶面位置时，指针是否对准标尺零点；搅拌机是否运转正常等。

(2) 水泥净浆的拌制：拌和前，搅拌锅和搅拌叶片需用湿布擦过，将拌合水（W）倒入搅拌锅内，用 5～10s 时间将称好的 500g 水泥试样倒入搅拌锅内水中。拌和时，先将搅拌锅固定在搅拌机的锅座上，升至搅拌位置。启动搅拌机，低速搅拌 120s，停 15s，同时将叶片和锅壁上的水泥浆刮至锅中间，接着高速搅拌 120s 后停机。

(3) 标准稠度测定：拌和结束后，立即将拌好的水泥净浆装入已置于玻璃底板上的试模中，用小刀插捣，轻轻振动数次，刮去多余的净浆。抹平后迅速将试模和底板移到维卡仪上，并将其中心定在试杆下，降低试杆直至与水泥净浆表面接触，拧紧螺丝 1～2s 后，突然放开，使试杆垂直自由地沉入水泥净浆中。在试杆停止沉入或释放试杆 30s 时，记录试杆与底板之间的距离。升起试杆后立即擦净。整个操作应在搅拌后 1.5min 内完成。

1.3 试验结果

以试杆沉入净浆并距底板 6mm±1mm 的水泥净浆为标准稠度净浆。其拌和用水量为该水泥的标准稠度用水量（P），按水泥质量的百分比计，即

$$P=\frac{W}{500}\times 100\% \tag{1-1}$$

2 水泥净浆凝结时间测定

2.1 主要仪器设备

(1) 维卡仪：测定凝结时间的仪器与测定标准稠度用水量的仪器相同，只是取下试杆，用试针代替试杆。

(2) 初凝和终凝用试针（见图 1-1）。

2.2 试验步骤

(1) 以标准稠度用水量，用 500g 水泥按规定方法拌制标准稠度水泥浆，一次装满试模，振动数次刮平，立即放入湿气养护箱中。记录水泥全部加入水中的时间。

(2) 初凝时间的测定：试件在养护箱中养护至加水 30min 时进行第一次测定。测定时，将试模放到指针下，降低指针，与水泥净浆表面接触，拧紧螺丝 1～2s 后，突然放开，试针垂直自由地沉入水泥净浆，记录指针停止下沉或释放指针 30s 时指针的读数。

在最初测定操作时应轻轻扶持金属柱，使其徐徐下降，以防试针撞弯，但结果以自由下落为准。

(3) 终凝时间的测定：在完成初凝时间测定后，立即将试模连同浆体以平移的方式从玻璃板上取下，翻转 180°，直径大端向上、小端向下放在玻璃板上，再放入养护箱中继续养护，临近凝结时间每隔 15min 测定一次。用同样的测定方法，观察指针读数。

2.3 试验结果

从水泥全部加入水中的时间起，至试针沉至距底板 4mm±1mm 时所经过的时间为初凝

时间；至试针沉入试体 0.5mm 时，即环形附件开始不能在试体上留下痕迹时所经过的时间为终凝时间。

3　水泥体积安定性的测定

用沸煮法检验水泥浆体硬化后体积变化是否均匀。检验分雷氏法和试饼法，当两种方法有争议时，以雷氏法为准。

3.1　主要仪器设备

(1) 沸煮箱：有效容积为 410mm×240mm×310mm。箅板结构应不影响试验结果，箅板与加热器之间的距离大于 50mm，箱的内层由不易锈蚀的金属材料制成。能在 30min±5min 内将箱内的试验用水由室温升至沸腾，并可保持沸腾状态 3h 以上，整个试验过程中不需补充水量。

(2) 雷氏夹：由铜质材料制成，其结构如图 1-2 所示。当一根指针的根部先悬挂在一根金属丝或尼龙丝上，另一根指针的根部再挂上 300g 的砝码时，两根指针的针尖距离增加应在 17.5mm±2.5mm 范围内，当去掉砝码后针尖的距离能恢复到挂砝码前的状态。

(3) 雷氏夹膨胀值测量仪（见图 1-3）：标尺最小刻度为 1mm。

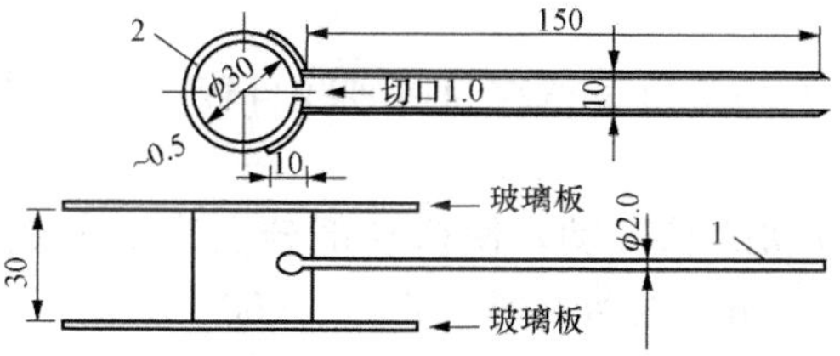

图 1-2　雷氏夹

1—指针；2—环模

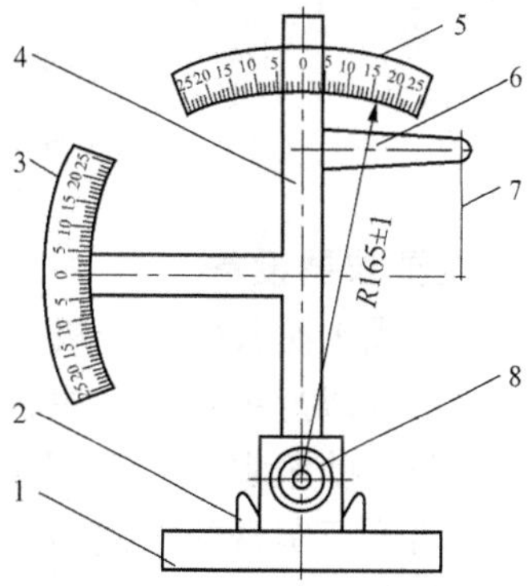

图 1-3　雷氏夹膨胀值测量仪

1—底座；2—模子座；3—测弹性标尺；4—立柱；5—测膨胀值标尺；6—悬臂；7—悬丝；8—弹簧顶扭

(4) 水泥净浆搅拌机。

3.2　试验步骤

测定方法可以用试饼法，也可用雷氏法，有争议时以雷氏法为准。

(1) 雷氏法是测定水泥净浆在雷氏夹中沸煮后的膨胀值。

1) 每个试样需两个成型试件，每个雷氏夹需配置质量为 75～85g 的玻璃板两块，一垫一盖，将玻璃板和雷氏夹内表面稍涂一层油。

2) 以标准稠度用水量拌制水泥净浆。将预先准备好的雷氏夹放在已稍涂油的玻璃板上，并立刻将已制好的标准稠度净浆一次装满雷氏夹，装浆时一只手轻扶雷氏夹，另一只手用宽约 10mm 的小刀插捣数次，然后抹平，盖上稍涂油的玻璃板，立即将试件移至养护箱内养护 24h±2h。

3）脱去玻璃板取下试件，用膨胀值测定仪测量雷氏夹指针尖端的距离（A），精确到0.5mm。接着将试件放入沸煮箱水中的箅板上，指针朝上，试件之间互不交叉，然后在30min±5min内加热至沸腾，并恒沸180min±5min。

4）取出沸煮后冷却至室温的试件，测量雷氏夹指针尖端的距离（C），结果保留至小数点后1位。当两个试件煮后增加距离（$C-A$）的平均值不大于5.0mm时，即认为该水泥安定性合格；当两个试件的（$C-A$）值相差超过5mm时，应用同一样品立即重做一次试验，以复检结果为准。

（2）试饼法是观察水泥净浆试饼沸煮后的外形变化。

1）将制好的标准稠度净浆一部分分成两等份，使其成球形，放在已涂过油、尺寸约100mm×100mm的玻璃板上，轻轻振动玻璃板，并用湿布擦过的小刀由边缘向中央抹，做成直径70～80mm、中心厚约10mm、边缘渐薄、表面光滑的试饼，将试饼放入湿气养护箱内养护24h±2h。

2）脱去玻璃板取下试饼，在试饼无缺陷的情况下，将试饼放在沸煮箱水中的箅板上，沸煮方法同雷氏法。

3）沸煮结束后，取出冷却至室温的试件，目测试饼未发现裂缝，用钢尺检查也没有弯曲的试饼为安定性合格，反之为不合格。当两个试饼判别结果有矛盾时，该水泥的安定性为不合格。

4 水泥胶砂强度检验

4.1 主要仪器设备

（1）行星式水泥胶砂搅拌机：一种工作时搅拌叶片既绕自身轴线自转，又沿搅拌锅周边公转，运动轨迹似行星式的水泥胶砂搅拌机。

（2）水泥胶砂振实台：由同步电动机带动凸轮转动，使振动部分上升至定值后自由落下，产生振动。振实台的振幅为15mm±0.3mm，振动频率为60次/(60s±2s)。

（3）试模和套模：可卸的三联模，由隔板、端板、底座等组成。模槽内腔尺寸为40mm×40mm×160mm。套模为壁高20mm的金属模套，当从上向下看时，模套壁与试模内壁应该重叠。

（4）抗折试验机：抗折夹具的加荷圆柱与支撑圆柱直径应为10mm±0.1mm，两个支撑圆柱中心距离为100mm±0.2mm。

（5）抗压试验机：以200～300kN为宜，在接近4/5量程范围内使用时，记录的荷载应有1±1%精度，并具有按2400N/s±200N/s速率的加荷能力。

（6）抗压夹具：由硬质钢材制成，上、下压板长40mm±0.1mm，宽度不小于40mm，加压面必须磨平。

（7）两个播料器和金属刮平直尺。

4.2 试件成型

（1）成型前将试模擦净，四周的模板与底座的接触面上应涂干黄油，紧密装配，防止漏浆，内壁均匀刷一薄层机油。

（2）水泥与ISO标准砂的质量比为1∶3，水灰比为0.5。每成型3条试件需要称量水泥

450g±2g，ISO 标准砂 1350g±5g，拌和用水量 225g±1g。

(3) 搅拌时先将水加入锅中，再加入水泥，把锅放在固定架上，上升至固定位置，然后立即开动机器，低速搅拌 30s 后，在第二个 30s 开始的同时均匀地将砂子加入（当各级砂是分装时，从最粗粒级开始，依次将所需的每级砂量加完）。把搅拌机转至高速再拌 30s，停拌 90s，在第一个 15s 内用一胶皮刮具将叶片和锅壁上的胶砂刮至锅中间，在高速下继续搅拌 60s。各个搅拌阶段，时间误差应在±1s 以内。

(4) 在搅拌胶砂的同时，将试模和模套固定在振实台上。用一个适当的勺子直接从搅拌锅里将胶砂分两层装入试模，装第一层时，每个槽里约放 300g 胶砂，将大播料器垂直架在模套顶部，沿每个模槽来回一次将料层播平，接着振实 60 次。再装入第二层胶砂，用小播料器播平，再振实 60 次。移走模套，从振实台上取下试模，将金属直尺以近似 90°的角度架在试模模顶的一端，然后沿试模长度方向以横向锯割动作慢慢向另一端移动，一次将超过试模部分的胶砂刮去，并用同一直尺在近乎水平的情况下将试体表面抹平。

(5) 在试模上做标记或加字条标明试件编号和试件相对于振实台的位置。

4.3　试件养护

(1) 将做好标记的试模放入雾室或湿箱的水平架子上养护，湿空气应能与试模各边接触。一直养护到规定的脱模时间（对于 24h 龄期的，应在破型试验前 20min 内脱模，对于 24h 以上龄期的应在成型后 20～24h 之间脱模）时取出脱模。脱模前用防水墨汁或颜料笔对试体进行编号和做其他标记，两个龄期以上的试体，在编号时应将同一试模中的 3 条试体分在两个以上龄期内。

(2) 将做好标记的试件立即水平或竖直放在 20℃±1℃水中养护，水平放置时刮平面应朝上。养护期间试件之间间隔或试体表面的水深不得小于 5mm。每个养护池只养护同类型的水泥试件，试件在水中养护期间不允许全部换水。除 24h 龄期或延迟至 48h 脱模的试件以外，任何到龄期的试件均应在试验前 15min 从水中取出。揩去试件表面沉积物，并用湿布覆盖直至试验。

4.4　强度试验

不同龄期强度试验必须在以下规定时间内进行强度试验：24h±15min；48h±30min；72h±45min；7d±2h；>28d±8h。

(1) 抗折强度试验。将试件一个侧面放在试验机支撑圆柱上，试体长轴垂直于支撑圆柱，通过加荷圆柱以 50N/s±10N/s 的速率均匀地将荷载垂直地加在棱柱体相对侧面上，直至折断，记录抗折破坏荷载 F_f（N）。

保持两个半截棱柱体处于潮湿状态直至抗压试验。

抗折强度 R_f 按式（1-2）计算（精确至 0.1MPa），即

$$R_f = \frac{1.5F_fL}{b^3} \tag{1-2}$$

式中　F_f——折断时施加于棱柱体中部的荷载，N；

L——支撑圆柱之间的距离，为 100mm。

b——棱柱体正方形截面的边长，为 40mm。

以一组 3 个试件测定值的算术平均值为抗折强度的测定结果，计算精确至 0.1MPa。当 3 个强度值中有一个超出平均值±10%时，应剔除该结果后再取平均值作为抗折强度试验

结果。

(2) 抗压强度试验。抗折强度试验后的两个断块应立即进行抗压试验。将折断的半截棱柱体置于抗压夹具中，以试件的侧面作为受压面。半截棱柱体中心与压力机压板中心差应在±0.5mm内，试件露在压板外的部分约有10mm。在整个加荷过程中以2400N/s±200N/s的速率均匀地加荷直至试件破坏，并记录破坏荷载F_c（N）。

抗压强度R_c按式（1-3）计算（精确至0.1MPa），即

$$R_c=\frac{F_c}{A} \tag{1-3}$$

式中 F_c——破坏时的最大荷载，N；

A——受压部分面积，（40×40=1600）mm^2。

以一组3个棱柱体上得到的6个抗压强度测定值的算术平均值为试验结果。如6个测定值中有一个超出6个平均值的±10%，应剔除这个结果，以剩下5个的平均数为结果。如果5个测定值中再有超过它们平均数±10%的，则此组结果作废。

试验二　混凝土用骨料试验

1　砂的筛分析试验

1.1　主要仪器设备

（1）试验筛：孔径为 9.5、4.75、2.36、1.18、0.6、0.3、0.15、0.075mm 的方孔筛，以及筛的底盘和盖各一个。

（2）天平：称盘 1000g，感量 1g。

（3）振筛机。

（4）烘箱：能使温度控制在 105℃±5℃。

（5）浅盘和硬、软毛刷等。

1.2　试验步骤

用于筛分析的试样应先筛除直径大于 9.5mm 的颗粒，并记录其筛余百分率，然后用四分法缩分至每份不少于 550g 的试样两份，在 105℃±5℃下烘干至恒重，冷却至室温备用。

（1）准确称取烘干试样 500g，置于按筛孔大小顺序排列的套筛上。将套筛装入摇筛机内固定好，摇筛 10min 左右，取下套筛，按筛孔大小顺序，在清洁的浅盘上逐个进行手筛，直到每分钟的筛出量不超过试样总量的 0.1%时为止，通过的颗粒并入下一个筛中，按此顺序进行，直到每个筛全部筛完为止。如无摇筛机，也可用手筛。如试样为特细砂，在筛分时增加 0.075mm 的方孔筛一只。

（2）称量各筛筛余试样（精确至 1g），试样在各号筛上的筛余量不得超过 200g，超过时应将该筛余试样分成两份，再进行筛分，并以两次筛余量之和作为该号筛的筛余量。所有各筛的分计筛余量和底盘中剩余量的总和与筛分前的试样总量相比，其差值不得超过试样总量的 1%，否则须重做试验。

1.3　试验结果计算

（1）分计筛余百分率：各号筛的筛余量除以试样总量的百分率，精确至 0.1%。

（2）累计筛余百分率：各号筛的分计筛余百分率加上该号筛以上各分计筛余百分率之和（精确至 0.1%）。

（3）根据各筛的累计筛余百分率评定该试样的颗粒级配分布情况。

（4）砂的细度模数 M_x 按式（2 - 1）计算（精确至 0.1），即

$$M_x = \frac{(A_2 + A_3 + A_4 + A_5 + A_6) - 5A_1}{100 - A_1} \tag{2-1}$$

式中　A_1、A_2、A_3、A_4、A_5、A_6——4.75、2.36、1.18、0.6、0.3、0.15mm 筛上的累计筛余百分率。

累计筛余百分率取两次试验结果的算术平均值（精确至 1%）。细度模数取两次试验结果的算术平均值（精确至 0.1），两次所得的细度模数之差大于 0.2 时，应重新开始试验。

2 砂的表观密度试验

砂的表观密度试验原理类似于采用排水法测不规则物体体积的原理。

2.1 主要仪器设备

（1）天平：称量 1kg，感量 1g。

（2）容量瓶：500mL。

（3）烘箱：能使温度控制在 105℃±5℃。

（4）烧杯：500mL。

（5）干燥器、浅盘、铝制料勺、温度计等。

2.2 试验步骤

将缩分至约 650g 的试样在 105℃±5℃烘箱中烘干至恒重，并在干燥器内冷却至室温备用。试验室温度应为 20～25℃。

（1）称取烘干试样 300g（m_0），装入盛有半瓶冷开水的容量瓶中，摇转容量瓶使试样在水中充分搅动以排除气泡，塞紧瓶塞。

（2）静置 24h 后打开瓶塞，用滴管加水使水面与瓶颈刻度线平齐，塞紧瓶塞，擦干瓶外水分，称其质量 m_1（g）。

（3）倒出瓶中的水和试样，洗净瓶内外，再向瓶内注水（与试样装入容量瓶中的水温相差不超过 2℃）至瓶颈刻度线，塞紧瓶塞，擦干瓶外水分，称其质量 m_2（g）。

2.3 试验结果与评定

按式（2-2）计算砂的表观密度 ρ_0（精确至 0.01g/cm³），即

$$\rho_0 = \frac{m_0}{m_0 + m_2 - m_1} \times \rho_{水} \tag{2-2}$$

砂表观密度取两次试验测定值的算术平均值作为试验结果，如两次测定结果之差大于 0.02g/cm³，应重新取样进行试验。

3 砂的堆积密度试验

3.1 主要仪器设备

（1）台秤：称量 10kg，感量 1g。

（2）容量筒：圆柱形金属筒，容积 0.99L，内径 108mm，净高 109mm，壁厚 2mm。

（3）烘箱、漏斗、料勺、直尺、浅盘等。

3.2 试验步骤

取缩分试样约 3kg，在 105℃±5℃的烘箱中烘干至恒重，取出冷却至室温，用 5mm 孔径的筛子过筛，分成大致相等的两份备用。

（1）称容量筒质量 m_1（kg）。

（2）用料勺或漏斗将试样徐徐装入容量筒中心上方漏斗，出料口距容量筒口不应超过 5cm，直到试样装满超出筒口成锥形为止。

（3）用直尺将多余的试样沿筒口中心线向两个相反方向刮平，称其质量 m_2（kg）。

3.3 试验结果与评定

(1) 砂的堆积密度ρ'_0按式(2-3)计算(精确至$10kg/m^3$),即

$$\rho'_0=\frac{m_2-m_1}{V'_0}\times 1000 \tag{2-3}$$

式中 m_1——容量筒的质量,kg;

m_2——容量筒和砂的总质量,kg;

V'_0——容量筒的容积,L。

以两次试验结果的算术平均值作为测定值。

(2) 砂的空隙率P'_0按式(2-4)计算(精确至1%),即

$$P'_0=\left(1-\frac{\rho'_0}{\rho_0}\right)\times 100\% \tag{2-4}$$

式中 ρ'_0——砂的堆积密度,kg/m^3;

ρ_0——砂的表观密度,kg/m^3。

4 石子筛分析试验

4.1 主要仪器设备

(1) 方孔筛:孔径为90、75.0、63.0、53.0、37.5、31.5、26.5、19.0、16.0、9.50、4.75、2.36mm的筛各一只,以及筛底和筛盖各一个。

(2) 台秤:称量10kg,感量1g。

(3) 振筛机。

(4) 鼓风烘箱:能使温度控制在105℃±5℃。

(5) 浅盘和硬、软毛刷等。

4.2 试验步骤

(1) 按规定方法取样,用四分法缩分至略大于表2-1规定的数量,烘干并冷却至室温。套筛按孔径从大到小顺序组合,附着筛底,将试样倒入筛中。

表2-1 筛分析所需试样的最小量

石子最大粒径(mm)	9.5	16.0	19.0	26.5	31.5	37.5	63.0	75.0
最少试样量(kg)	1.9	3.2	3.8	5.0	6.3	7.5	12.6	16.0

(2) 将套筛置于摇筛机上,摇10min,取下套筛,按筛孔大小顺序逐个手筛,筛到每分钟通过量小于试样总量的0.1%为止。通过的颗粒并入下一号筛中,并和下一号筛中的试样一起过筛。按此顺序进行,直到各号筛全部筛完为止(当筛余颗粒的粒径大于19.0mm时,在筛分过程中,允许用手指拨动颗粒)。

(3) 称量各筛的筛余量(精确至1g)。

4.3 试验结果计算与评定

分计筛余百分率:各号筛的筛余量除以试样总量的百分率(精确至0.1%)。

累计筛余百分率:各号筛的分计筛余百分率加上该号筛以上各分计筛余百分率之和(精确至1%)。

根据各筛的累计筛余百分率，评定该试样的颗粒级配。筛分后每号筛上的筛余量和筛底剩余物的总和与原试样相差超过1%时，则需重新取样试验。

5 石子的表观密度试验（广口瓶法）

石子的表观密度试验原理类似于采用排水法测不规则物体体积的原理。

5.1 主要仪器设备

（1）天平：称量5kg，感量1g。

（2）广口瓶：1000mL，磨口并带玻璃片。

（3）烘箱：可使温度控制在105℃±5℃。

（4）方孔筛：孔径为4.75mm的筛一只。

（5）干燥器、浅盘、毛巾和刷子等。

5.2 试验步骤

（1）按规定方法取样，将样品筛去直径在4.75mm以下的颗粒，用四分法缩分至约3kg，分成两份备用。试验室温度应在20～25℃。

（2）将试样浸水饱和，然后装入广口瓶中，装试样时，广口瓶应倾斜放置，注入饮用水，用玻璃片覆盖瓶口，以上下左右摇晃的方法排除气泡。

（3）气泡排尽后，向瓶中添加水直至水面凸出瓶口边缘。然后用玻璃片沿瓶口迅速滑行，使其紧贴瓶口水面。擦干瓶外水分后，称取试样、水瓶和玻璃的总质量m_1（g）。

（4）将瓶中试样倒入浅盘中，放在105℃±5℃烘箱中烘干至恒重。取出试样，放在干燥器内冷却至室温后称重m_0（g）。

（5）将瓶洗净，重新注入饮用水，用玻璃片紧贴瓶口水面，擦干瓶外水分后称重m_2（g）。

5.3 试验结果与评定

按式（2-5）计算石子表观密度ρ_0（精确至10kg/m^3），即

$$\rho_0=\frac{m_0}{m_0+m_2-m_1}\times\rho_{水} \tag{2-5}$$

以两次试验结果的算术平均值作为测定值，如两次测定结果之差大于20kg/m^3，应重新取样进行试验。

6 石子堆积密度试验

6.1 主要仪器设备

（1）台秤：称量50kg，感量50g。

（2）容量筒：规格尺寸见表2-2。

表2-2 容量筒规格

石子最大粒径（mm）	容量筒容积（L）	容量筒内径（mm）	容量筒净高（mm）
9.5、16.0、19.0、26.5	10	208	294

续表

石子最大粒径（mm）	容量筒容积（L）	容量筒内径（mm）	容量筒净高（mm）
31.5、37.5	20	294	294
53.0、63.0、75.0	30	360	294

6.2　试验步骤

按规定取样，烘干或风干后，拌匀分成两份备用。

先称量空容量筒的质量 m_1（kg）。从容量筒上方 50mm 处，用取样铲将试样以均匀、自由落体状态装入容量筒，使其呈锥体，除去凸出筒口表面的颗粒，以合适的颗粒填入凹陷部分，使表面稍凸起部分和凹陷部分的体积大致相等，称取试样和容量筒的总质量 m_2（kg）。

6.3　试验结果与评定

（1）石子的堆积密度 ρ'_0 按式（2-6）计算（精确至 $10kg/m^3$），即

$$\rho'_0=\frac{m_2-m_1}{V'_0}\times 1000 \tag{2-6}$$

式中　m_1——容量筒的质量，kg；

m_2——容量筒和石子的总质量，kg；

V'_0——容量筒的容积，L。

以两次试验结果的算术平均值作为测定值。

（2）石子的空隙率 P'_0 按式（2-7）计算（精确至 1%），即

$$P'_0=\left(1-\frac{\rho'_0}{\rho_0}\right)\times 100\% \tag{2-7}$$

式中　ρ'_0——石子的堆积密度，kg/m^3；

ρ_0——石子的表观密度，kg/m^3。

试验三　普 通 混 凝 土 试 验

1　混凝土拌合物试样制备

1.1　一般规定

（1）拌制混凝土的原材料应符合技术要求，并与施工实际用料相同。在拌和前，材料的温度应与室温（应保持在 20℃±5℃）相同，水泥如有结块现象，应用 64 孔/cm^2 筛过筛，筛余团块不得使用。

（2）拌制混凝土的材料用量以质量计。称量的精确度：骨料为±1%；水、水泥及混合材料为±0.5%。

（3）混凝土拌合物的制备应符合 JGJ 55—2011《普通混凝土配合比设计规程》中的有关规定。

（4）从试样制备完毕到开始做各项性能试验不宜超过 5min（不包括成型试件）。

1.2　主要仪器设备

（1）搅拌机：容量 60～100L，转速为 18～22r/min。

（2）磅秤：称量 50kg，感量 50g。

（3）天平（称量 5kg，感量 1g）、量筒（200、1000mL）、拌板（约 1.5m×2m）、拌铲、盛器等。

1.3　拌和方法

人工拌和：

（1）按所定配合比备料，以全干状态为准。

（2）将拌板和拌铲用湿布润湿后，将砂子倒在拌板上，然后加入水泥，用拌铲自拌板一端翻拌至另一端，来回重复，直至充分混合、颜色均匀，再加上石子，翻拌至混合均匀。

（3）将干混合物堆成堆，在中间做一凹槽，将已称量好的水倒约 1/2 在凹槽中（勿使水流出），然后仔细翻拌，并徐徐加入剩余的水，继续翻拌，每翻拌一次，用铲在拌合物上铲切一次，直到拌和均匀为止。

（4）拌和时力求动作敏捷，拌和时间从加水时算起，应大致符合下列规定：

1）拌合物体积为 30L 以下时，4～5min。

2）拌合物体积为 30～50L 时，5～9min。

3）拌合物体积为 51～75L 时，9～12min。

（5）拌好后，根据试验要求，立即做坍落度测定或试件成型。从开始加水时算起，全部操作须在 30min 内完成。

机械搅拌：

（1）按所定配合比备料，以全干状态为准。

（2）预拌一次，即将按配合比设计的水泥、砂和水组成的砂浆及少量石子在搅拌机中进行涮膛，然后倒出并刮去多余的砂浆。其目的是使水泥砂浆粘附满搅拌机的筒壁，以免正式拌和时影响拌合物的配合比。

（3）开动搅拌机，向搅拌机内依次加入石子、砂、水泥，干拌均匀，再将水徐徐加入，全部加料时间不超过 2min，水全部加入后，继续拌和 2min。

（4）将拌合物自搅拌机卸出，倾倒在拌板上，再经人工拌和 1～2min，即可做坍落度测定或试件成型。从开始加水时算起，全部操作必须在 30min 内完成。

2　普通混凝土拌合物和易性测定

2.1　主要仪器设备

（1）坍落度筒：由薄钢板或其他金属制成的圆台形筒（见图 3-1）。内壁应光滑，无凹凸部位，底面和顶面应互相平行，并与锥体的轴线垂直。在筒外 2/3 高度处安两个手把，下端应焊脚踏板。筒的内部尺寸为：底部直径 200mm±2mm；顶部直径 100mm±2mm；高度 300mm±2mm。

（2）维勃稠度仪（见图 3-2）：由振动台、容器、旋转架、坍落度筒及捣棒等部分组成。

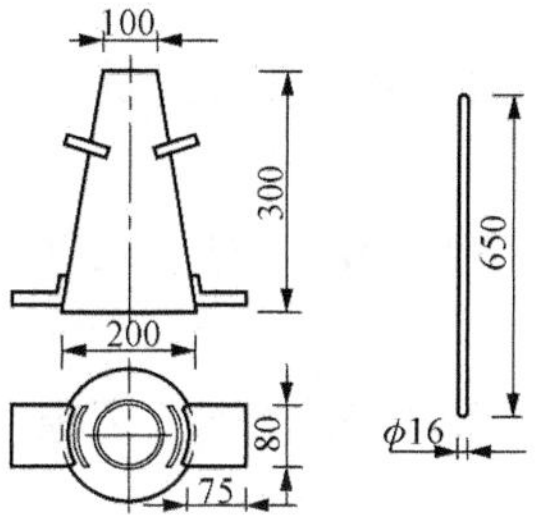

图 3-1　坍落度筒及捣棒

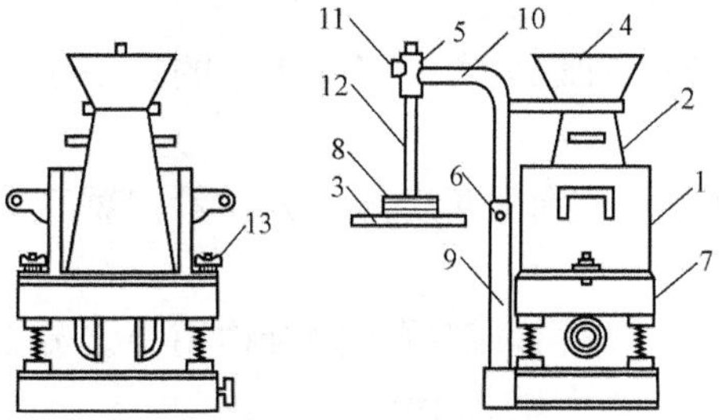

图 3-2　维勃稠度仪

1—容器；2—坍落度筒；3—透明圆盘；4—喂料斗；5—套筒；6—定位螺丝；7—振动台；8—荷重；9—支柱；10—旋转架；11—测杆螺丝；12—测杆；13—固定螺丝

（3）捣棒：直径 16mm、长 600mm 的钢棒，端部应磨圆。

（4）小铲、木尺、钢尺、拌板、镘刀等。

2.2　试验步骤

（1）坍落度试验。本方法适用于骨料最大粒径不大于 40mm、坍落度不小于 10mm 的混凝土拌合物稠度测定。测定时需拌合物约 15L。

1）润湿坍落度筒及其他用具，并把筒放在不吸水的刚性水平底板上，在坍落度筒内壁和底板上应无明水。用脚踩住两边的脚踏板，使坍落度筒在装料时保持固定的位置。

2）将混凝土试样用小铲分 3 层均匀地装入筒内，捣实后每层高度应为筒高的 1/3 左右。每层用捣棒插捣 25 次。插捣应沿螺旋方向由外向中心进行，各次插捣应在截面上均匀进行。插捣筒边混凝土时，捣棒可以稍稍倾斜；插捣底层时，捣棒应贯穿整个深度；插捣第二层和顶层时，捣棒应插本层至下一层的表面。浇灌顶层时，混凝土应灌至高出筒口。插捣过程中，如混凝土低于筒口，则应随时添加。顶层插捣完后，刮去多余的混凝土，用抹刀抹平。

3）清除筒边底板上的混凝土后，垂直、平稳地提起坍落度筒。提离过程应在 5～10s 内完成；从开始装料到提坍落度筒的整个进程应不间断地进行，并应在150s内完成。

4）提起坍落度筒后，测量筒高与坍落后混凝土试体最高点之间的高度差，即为该混凝土拌合物的坍落度值（以mm为单位，精确至5mm）。

5）坍落度筒提离后，如试件发生崩坍或一边剪坏现象，则应重新取样进行测定。如第二次试验仍出现这种现象，则表示该混凝土拌合物和易性不好，应予记录备查。

6）观察坍落后的混凝土试体的黏聚性和保水性。用捣棒在已坍落的混凝土锥体侧面轻轻敲打，如果锥体逐渐下沉，则表示黏聚性良好；如果锥体倒塌、部分崩裂或出现离析现象，则表示黏聚性不好。保水性以混凝土拌合物中稀浆析出的程度来评定，坍落度筒提起后如有较多的稀浆从底部析出，锥体部分的混凝土也因失浆而骨料外露，则表明此混凝土拌合物的保水性不好；如无这种现象，则表明保水性良好。

7）坍落度的调整。当测得拌合物的坍落度达不到要求或认为黏聚性、保水性不满意时，可保持水灰比不变，掺入水泥和水进行调整，掺量为原试拌用量的5%或10%；当坍落度过大时，可保持砂率不变，增加砂和石子用量，尽快拌和均匀，重做坍落度测定。

（2）维勃稠度试验。本方法用于骨料最大粒径不大于40mm、维勃稠度在5～30s之间的混凝土拌合物稠度测定。

1）将维勃稠度仪放置在坚实水平的地面上，用湿布将容器、坍落度筒、喂料口内壁及其他用具润湿。

2）将喂料斗提到坍落度筒上方扣紧，矫正容器位置，使其中心与喂料斗中心重合，然后拧紧固定螺丝。

3）把按要求取得的混凝土拌合物用小铲分3层经喂料斗均匀地装入坍落度筒，装料及插捣的方法与坍落度试验相同。

4）将圆盘、喂料斗都转离坍落度筒，小心并垂直地提起坍落度筒，此时应注意不要使混凝土试体产生横向的扭动。

5）将圆盘转到混凝土圆台体上方，放松测杆螺丝，降下圆盘，使其轻轻地接触到混凝土顶面，拧紧固定螺丝，检查测杆螺丝是否完全放松。同时开启振动台和秒表，在透明圆盘的底面被水泥浆布满的瞬间，立即关闭振动台和秒表，记录时间。

由秒表读出的时间（s），即为该混凝土拌合物的维勃稠度值（精确至1s）。

3 混凝土拌合物表观密度试验

3.1 主要仪器设备

（1）容量筒：金属制圆筒，两旁装有提手，容积为5L。

（2）台秤：称量50kg，感量50g。

（3）振动台：频率为50Hz±3Hz，空载时的振幅为0.5mm±0.1mm。

（4）捣棒：直径16mm、长600mm的钢棒，端部应磨圆。

3.2 试验步骤

（1）用湿布把容量筒内外擦干净，称出容量筒质量m_1（kg），精确至50g。

（2）对于坍落度不大于70mm的混凝土，用振动台振实为宜；大于70mm的混凝土用捣棒振实为宜。采用振动台振实时，应一次将混凝土拌合物灌至高出容量筒口。装料时可用捣棒稍加插捣，振动过程中如混凝土沉落到低于筒口，应随时添加混凝土，振动直至表面出浆为止。采用捣棒捣实时，应根据容量筒的大小决定分层与插捣次数。

（3）用刮刀将筒口多余的混凝土拌合物刮去，表面应刮平，将容量筒外壁擦干净，称出混凝土与容量筒总质量 m_2（kg），精确至 50g。

3.3　试验结果

按式（3-1）计算混凝土拌合物的表观密度，即

$$\rho_h = \frac{m_2 - m_1}{V} \times 1000 \quad (3-1)$$

式中　ρ_h——表观密度，kg/m^3；

m_1——容量筒的质量，kg；

m_2——容量筒和试样的总质量，kg；

V——容量筒的容积，L。

试验结果的计算精确至 $10kg/m^3$。

4　普通混凝土立方体抗压强度试验

4.1　主要仪器设备

（1）压力试验机：试验机精度应为±1%，试件破坏荷载必须大于压力机全量程的 20%且小于压力机全量程的 80%。

（2）振动台：空载振动频率为 50Hz±3Hz，空载振幅约为 0.5mm±0.02mm。

（3）试模：由铸铁或钢制成，应有足够的刚度并拆装方便，试模内表面应采用机械加工，其不平度应为每 100mm 不超过 0.5mm，组装后各相邻面的不垂直度应不超过±0.5°。

（4）捣棒、小铁铲、金属直尺、镘刀等。

4.2　试件的制作

混凝土抗压强度试验一般以 3 个试件为一组，每一组试件所用的混凝土拌合物应由同一次拌和成的拌合物中取出。

（1）试验采用立方体试件，以 150mm×150mm×150mm 试件为标准，也可采用 200mm×200mm×200mm 试件；当粗骨料粒径较小时，可用 100mm×100mm×100mm 试件。

（2）制作试件前，首先检查试模的尺寸、内表面平整度和相邻面夹角是否符合要求，拧紧螺丝，将试模清理干净，并在试模的内表面涂一薄层矿物油脂或其他脱模剂。

（3）将配制好的混凝土拌合物装模成型，成型方法按混凝土的稠度而定。混凝土拌合物拌制后宜在 15min 内成型。

坍落度不大于 70mm 的混凝土用振动台振实。将拌合物一次装入试模，并稍有富余，然后将试模放在振动台上并加以固定，开动振动台至拌合物表面呈现水泥浆为止，记录振动时间。振动结束后，用抹刀沿试模边缘将多余的拌合物刮去，并将表面抹平。坍落度大于 70mm 的混凝土采用人工捣实，混凝土拌合物分两层装入试模，每层厚度大致相等。插捣时按螺旋方向由边缘向中心均匀进行。插捣底层时，捣棒应达到试模底面，插捣上层时，捣棒应穿入下层深度 20～30mm。插捣时应保持捣棒垂直不得倾斜，并用抹刀沿试模内壁插入数次，以防止试件产生麻面。每层插捣次数见表 2-1，一般每 $100cm^2$ 面积应不少于 12 次。然

后刮去多余的混凝土，并用抹刀抹平。

4.3 试件的养护

(1) 采用标准养护的试件，成型后应立即用不透水的薄膜覆盖表面，以防止水分蒸发，并应在室温为20℃±5℃的情况下静置1～2d，然后编号、拆模。

(2) 拆模后的试件应立即放在温度为20℃±2℃、湿度为90%以上的标准养护室内养护。在标准养护室内试件应放在架上，彼此间隔为10～20mm，并应避免用水直接淋刷试件；无标准养护室时，混凝土试件可在温度为20℃±2℃的不流动水中或$Ca(OH)_2$饱和溶液中养护，水的pH值不应小于7。标准养护龄期为28d。

(3) 与构件同条件养护的试件成型后，应覆盖表面。试件的拆模时间可与实际构件的拆模时间相同。拆模后，试件仍需保持同条件养护。

4.4 抗压强度试验

(1) 从养护室取出试件后，随即擦干水分并量出其尺寸（精确至1mm），以此计算试件的受压面积A（mm^2）。

(2) 将试件安放在试验机的下承压板上，试件的承压面应与成型时的顶面垂直。试件的中心应与试验机下压板中心对准。开动试验机，当上压板与试件接近时，调整球座，使两者接触均衡。

(3) 加压时，应持续而均匀地加荷。加荷速度为：混凝土强度等级<C30时，为0.3～0.5MPa/s；混凝土强度等级≥C30且<C60时，为0.5～0.8MPa/s；混凝土强度等级≥C60时，取0.8～1.0MPa/s。当试件接近破坏而开始迅速变形时，停止调整试验机油门，直至试件破坏。记录破坏荷载P（N）。

4.5 试验结果计算

按式（3-2）计算试件的抗压强度（精确至0.1MPa），即

$$f_{cu}=\frac{P}{A} \tag{3-2}$$

式中 f_{cu}——混凝土立方体试件抗压强度，MPa；

P——试件破坏荷载，N；

A——试件承压面积，mm^2。

以3个试件测定值的算术平均值作为该组试件的抗压强度值。3个测定值的最大值或最小值中，如有一个与中间值的差值超过中间值的15%，则把最大值及最小值一并舍去，取中间值作为该组试件的抗压强度值。如有两个测定值与中间值的差值均超过中间值的15%，则该组试件的试验结果无效。

混凝土的抗压强度值以150mm×150mm×150mm试件的抗压强度值为标准值，用其他尺寸试件测得的强度值均应乘以表3-1中的尺寸换算系数。

表3-1 试件尺寸及强度换算系数

试件尺寸（mm）	骨料最大粒径（mm）	每层插捣次数（次）	抗压强度换算系数
100×100×100	30	12	0.95
150×150×150	40	25	1
200×200×200	60	50	1.05

5　混凝土强度无损检测方法简介（超声回弹综合法）

在正常情况下，混凝土强度的验收与评定应按 GB 50204—2015《混凝土结构工程施工质量验收规范》及 GB/T 50107—2010《混凝土强度检验评定标准》执行。当对结构的混凝土强度有怀疑时，可采用无损检验方法，按有关标准的规定对结构或构件中混凝土的强度进行推定，并作为处理混凝土质量问题的一个主要依据。用于混凝土质量无损检验的方法很多，有超声波法、回弹法、钻芯法、拔出法、放射线法、谐振法、电测法及表面波法等，其中常用前两种方法对混凝土的强度进行综合判断，即超声回弹综合法，该方法的现行标准为 CECS 02—2005《超声回弹综合法检测混凝土强度技术规程》。

5.1　主要仪器设备

（1）回弹仪：中型回弹仪（见图 3-3），主要由弹击系统、示值系统和仪壳部件等组成，冲击动能为 2.207J。

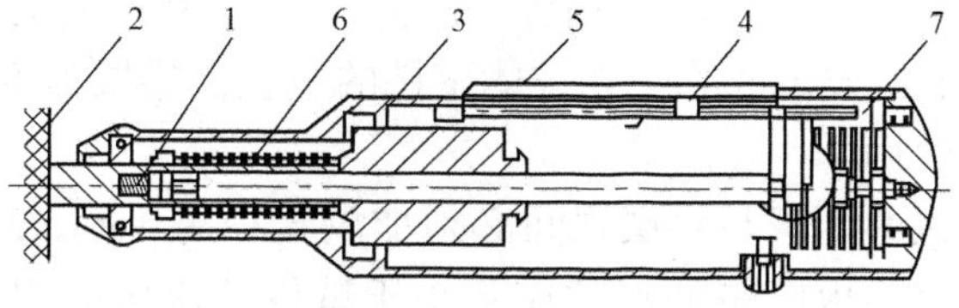

图 3-3　回弹仪构造图

1—弹击杆；2—混凝土试件；3—冲锤；4—指针；5—刻度尺；6—拉力弹簧；7—压力弹簧

（2）超声波检测仪：由同步分频、发射、接收、扫描、示波、计时显示及电源供给等部分组成，声时范围应为 0.5～9999μs。

5.2　测区回弹值及声速值的测量与计算

（1）回弹值的测量与计算。将回弹仪的冲杆垂直对准具有代表性的被测位置，然后使仪器的冲锤借弹簧的力量打击冲杆，根据与冲杆头部接触处的混凝土试件表面的硬度，冲锤将回弹到一定的位置，可以按刻度尺上的指针读出回弹值。一般在每个被测面选取 16 个不同的测点进行测定，剔除最大值和最小值各 3 个，取余下的 10 个回弹值进行平均，即为所测的回弹值 N。

（2）超声声速值的测量与计算。超声测点应布置在回弹测试的同一测区内，且发射和接收换能器的轴线应在同一轴线上，并保证换能器与混凝土耦合良好，测出超声脉冲的传播时间，即声时值 t_m，然后按式（3-3）计算测区声速，即

$$v=\frac{l}{t_m} \tag{3-3}$$

式中　v——测区声速值，km/s；

l——超声测距，mm；

t_m——测区平均声时值，μs。

5.3　混凝土强度的推定

测区的混凝土强度换算值应根据修正后的测区回弹值及修正后的测区声速值，优先采用专用或地区测强曲线推定。当无该类测强曲线时，也可按 CECS 02—2005 中的测区混凝土

强度换算表确定，或按经验公式计算。结构或构件的混凝土强度推定值按规定条件确定。

6 混凝土立方体劈裂抗拉强度试验

混凝土的抗拉强度只有抗压强度的 1/20～1/10，且随着混凝土强度等级的提高，比值降低。混凝土在工作时一般不依靠其抗拉强度。但抗拉强度对于抗开裂性有重要意义，在结构设计中抗拉强度是确定混凝土抗裂能力的重要指标。有时也用它来间接衡量混凝土与钢筋的黏结强度等。

混凝土的抗拉强度采用立方体劈裂抗拉试验来测定，称为劈裂抗拉强度。该方法的原理是在立方体试件两个相对的表面素线上作用均匀分布的压力，使在荷载所作用的竖直平面内产生均匀分布的拉伸应力；当拉伸应力达到混凝土极限抗拉强度时，试件将被劈裂破坏，从而可以测出混凝土的劈裂抗拉强度。

6.1 主要仪器设备

（1）垫层为木质三合板，也可以是钢制（结实耐用）。其尺寸为：宽度 b 为 15～20mm；厚度 t 为 3～4mm；长度 L 大于或等于立方体试件的边长。垫层为木质三合板时不得重复使用；为钢制时可以重复使用。

（2）垫板：在试验机的压板与垫层之间必须加放直径为 150mm 的钢质弧形垫板，其长度不得短于试件边长，钢垫板的平面尺寸应不小于试件的承压面积，厚度应不小于 25mm，半径 75mm。钢垫板应机械加工承压面的平面度公差为 0.04mm；表面硬度不小于 55HRC；硬化层厚度约为 5mm。

（3）压力机、试模等：与混凝土抗压强度试验中的规定相同。

6.2 试验步骤

（1）试件从养护室取出后应及时进行试验，在试验前试件应保持与原养护地点相似的干湿状态。将试件表面与压力机上、下承压板面擦干净。

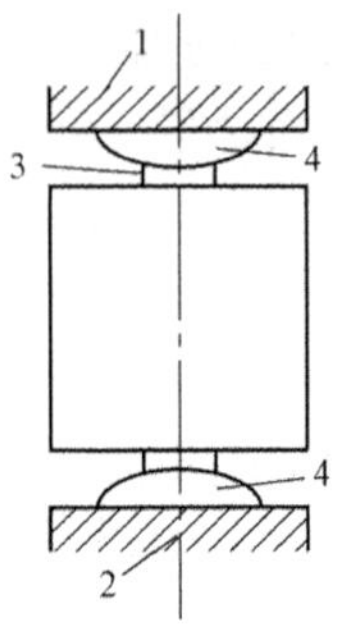

图 3-4 混凝土劈裂抗拉试验装置示意图
1—上压板；2—下压板；3—垫层；4—垫板

（2）在试件侧面中部画线定出劈裂面的位置，劈裂承压面和劈裂面应与试件成型时的顶面垂直，量出劈裂面的边长（精确至 0.01mm），计算出劈裂面积 A。

（3）将试件放在试验机下压板的中心位置。在上、下压板与试件之间加垫层和垫板，使垫板的接触母线与试件上的荷载作用线准确对齐（见图 3-4）。

（4）开动试验机，当上压板与圆弧形垫板接近时，调整球座，使接触均衡。加荷应连续而均匀，当混凝土强度等级<C30 时，加荷速度取 0.02～0.05MPa/s；当混凝土强度等级≥C30 且<C60 时，加荷速度取 0.05～0.08MPa/s；当混凝土强度等级≥C60 时，加荷速度取 0.08～0.10MPa/s。

（5）在试件临近破坏开始急速变形时，停止调整试验机油门，继续加荷直至试件破坏，记录破坏荷载 P。

6.3 试验结果评定

（1）混凝土劈裂抗拉强度按式（3-4）计算（计算精确至 0.01MPa），即

$$f_{ts}=\frac{2P}{\pi A}=0.637\times\frac{P}{A} \tag{3-4}$$

式中　f_{ts}——混凝土劈裂抗拉强度，MPa；

P——试件破坏荷载，N；

A——试件劈裂面面积，mm^2。

(2) 以3个试件测值的算术平均值作为该组试件的强度值（精确至0.01MPa）。3个测值的最大值或最小值中如有一个与中间值的差值超过中间值的15%时，则把最大及最小值一并舍除，取中间值作为该组试件的抗压强度值。如最大值和最小值与中间值的差值均超过中间值的15%，则该组试件的试验结果无效。

(3) 采用100mm×100mm×100mm非标准试件测得的劈裂抗拉强度值应乘以尺寸换算系数0.85；当混凝土强度等级≥C60时，宜采用标准试件；使用非标准试件时，尺寸换算系数应由试验确定。

试验四　材料基本性质试验

1 密 度 试 验

材料的密度是指材料在绝对密实状态下单位体积的质量。

1.1 主要仪器设备

李氏瓶（见图 4-1）、筛子（孔径 0.2mm）、量筒、烘箱、干燥器、天平（称量 500g，感量 0.01g）、温度计、漏斗、小勺等。

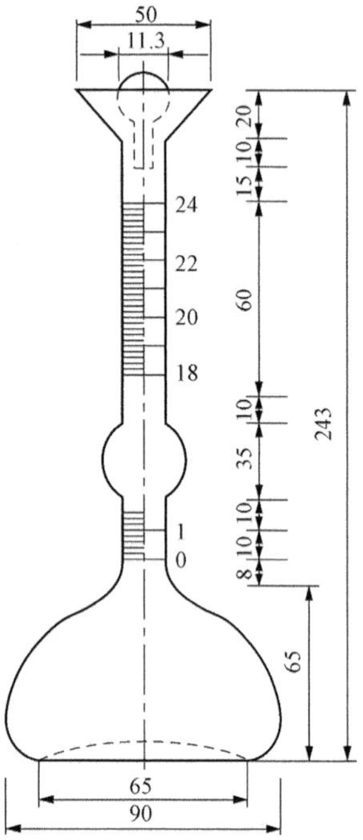

图 4-1　李氏瓶

1.2 试验步骤

（1）将试样破碎研磨并全部通过 0.2mm 孔筛，再放入 105～110℃的烘箱中烘至恒重，然后在干燥器内冷却至室温。

（2）在李氏瓶中注入与试样不起反应的液体至突颈下部 0～1mL刻度线范围内，记下刻度数，将李氏瓶放在盛水的容器中，在试验过程中保持水温为 20℃±0.5℃。

（3）用天平称取试样 60～90g，用小勺和漏斗小心地将试样徐徐送入李氏瓶中，要防止在李氏瓶喉部发生堵塞，直到液面上升至 20mL 为止，再称剩下的试样，计算出装入瓶内的试样质量 m（g）。

（4）轻轻摇动李氏瓶使液体中的气泡排出，记下液面刻度。根据前后两次液面读数，计算出液面上升的体积，即为瓶内试样的绝对体积 V（cm^3）。

1.3 试验结果

按式（4-1）计算出密度 ρ（精确至 0.01g/cm^3），即

$$\rho = \frac{m}{V} \tag{4-1}$$

式中　m——装入瓶中试样的质量，g；

V——装入瓶中试样的体积，cm^3。

密度试验用两个试样平行进行，以其结果的算术平均值作为最后结果，但两个结果之差不应超过 0.02g/cm^3，否则重做。

2 表 观 密 度 试 验

表观密度是材料在自然状态下单位体积的质量。

2.1 主要仪器设备

游标卡尺（精度 0.1mm）、天平（感量 0.1g）、烘箱、干燥器、漏斗、直尺、搪瓷盘等。

2.2 试验步骤

(1) 对几何形状规则的材料试件，将其放入105～110℃烘箱中烘至恒重，取出置入干燥器中冷却至室温。并用天平称量出试件的质量 m (g)。

(2) 用游标卡尺量出试件尺寸（每边测量上、中、下3次，取平均值），并计算出体积 V_0 (cm^3)。

2.3 试验结果

按式（4-2）计算出表观密度 ρ_0，即

$$\rho_0 = \frac{1000m}{V_0}(kg/m^3) \tag{4-2}$$

以5次试验结果的算术平均值作为最后测定结果，计算精确至 $10kg/m^3$。

3 吸水率试验

材料的吸水率是指材料吸水饱和时的吸水量与干燥材料的质量或体积之比（以加气混凝土为试件）。

3.1 主要仪器设备

天平（称量1000g，感量0.1g）、水槽、烘箱、干燥器、游标卡尺等。

3.2 试验步骤

(1) 将3个尺寸为100mm×100mm×100mm的立方体试样放入烘箱内，在60℃±5℃温度下保温24h，然后在80℃±5℃温度下保温24h，再在105℃±5℃温度下烘干至恒重，取出放到干燥器中冷却至室温，称其质量 m_g (g)。

(2) 将试件放入水温为20℃±5℃的恒温水槽中，然后加水至试件高度的1/3处，过24h后再加水至试样高度的2/3处，经24h后，加水高出试样30mm以上，保持24h。这样逐次加水的目的在于使试件孔隙中的空气逐渐逸出。

(3) 从水中取出试件，用湿布抹去表面水分，立即称取每块质量 m_b (g)。

3.3 试验结果

(1) 按式（4-3）、式（4-4）计算试件吸水率。

质量吸水率为

$$W_m = \frac{m_b - m_g}{m_g} \times 100\% \tag{4-3}$$

体积吸水率为

$$W_V = \frac{m_b - m_g}{V_0} \times 100\% \tag{4-4}$$

式中 m_g——试件干燥质量，g；

m_b——试件吸水饱和质量，g；

V_0——干燥材料在自然状态下的体积，cm^3。

(2) 以3个试件吸水率的算术平均值为测定结果，精确至0.1%。

试验五　砂　浆　试　验

1　试　样　制　备

1.1　一般规定

（1）拌制砂浆所用的原材料应符合质量标准，并要求提前运入试验室内，拌和时试验室的温度应保持在20℃±5℃。

（2）水泥如有结块，应充分混合均匀，以0.9mm筛过筛。砂也应以5mm筛过筛。

（3）拌制砂浆时，材料称量精度为：水泥、外加剂等为0.5%；砂、石灰膏、黏土膏等为1%。

（4）拌制前应将搅拌机、拌和铁板、拌铲、抹刀等工具表面用水润湿，注意拌和铁板上不得有积水。

1.2　主要仪器设备

（1）砂浆搅拌机。

（2）拌和铁板：约1.5m×2m，厚约3mm。

（3）磅秤：称量50kg，感量50g。

（4）台秤：称量10kg，感量1g。

（5）拌铲、抹刀、量筒、盛器等。

1.3　拌和方法

（1）人工拌和：按配合比称取原材料用量。将称量好的砂子倒在拌板上，再加入水泥，用拌铲拌和至混合物颜色均匀，呈圆锥形，在中间作一凹坑，将称好的石灰膏或黏土膏倒入凹坑中，再倒入适量水将石灰膏或黏土膏稀释，然后与水泥和砂共同拌和，并逐渐加水，直到拌合物色泽一致、和易性满足要求为止，拌和时间一般需5min。

（2）机械拌和：按配合比先拌适量砂浆，使搅拌机内壁黏附一薄层水泥砂浆，使正式拌和时的砂浆配合比成分准确。然后将称量好的水泥和砂装入搅拌机内，开动搅拌机，将水徐徐加入，搅拌约3min，使物料拌和均匀（搅拌的用量不宜少于搅拌机容量的20%，搅拌时间不宜少于2min）。最后将砂浆拌合物倒至拌和铁板上，用拌铲翻拌几次，使其均匀。

2　砂浆稠度试验

2.1　主要仪器设备

（1）砂浆稠度测定仪（见图5-1）。

（2）钢制捣棒（直径10mm、长350mm、端部磨圆）、台秤、拌锅、拌板、量筒、秒表等。

2.2　试验步骤

（1）将盛浆容器和试锥表面用湿布擦净，并用少量润滑油轻擦滑杆，使滑杆能自由滑动。

（2）将拌好的砂浆一次装入容器内，使砂浆表面低于容器口约 10mm，用捣棒插捣 25 次，并将容器振动 5～6 次，使砂浆表面平整，然后置于稠度测定仪的底座上。

（3）放松试锥滑杆的制动螺丝，向下移动滑杆，当试锥尖端与砂浆表面接触时，拧紧制动螺丝，使齿条测杆下端接触滑杆上端，并将指针对准零点。

（4）突然松开制动螺丝，使试针自由沉入砂浆中，同时计时。10s 时立即固定螺丝，将齿条测杆下端接触滑杆上端，从刻度盘上读出下沉深度（精确至 1mm），即为砂浆的稠度值。

（5）圆锥筒内的砂浆只允许测定一次稠度，重复测定时，应重新取样。

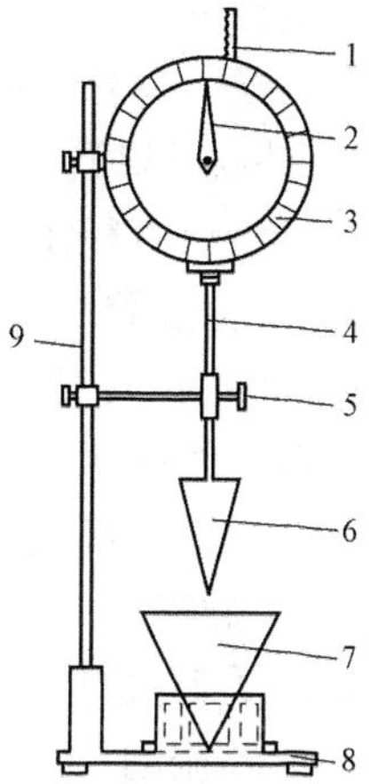

图 5-1　砂浆稠度测定仪

1—齿条测杆；2—指针；3—刻度盘；4—滑杆；5—固定螺丝；6—圆锥体；7—圆锥筒；8—底座；9—支架

2.3　试验结果评定

以两次测定结果的算术平均值作为砂浆稠度测定结果（精确至 1mm），如两次测定值之差大于 10mm，应重新配料测定。

3　砂浆分层度试验

3.1　主要仪器设备

（1）砂浆分层度测定仪（见图 5-2）。

（2）其他仪器同砂浆稠度试验。

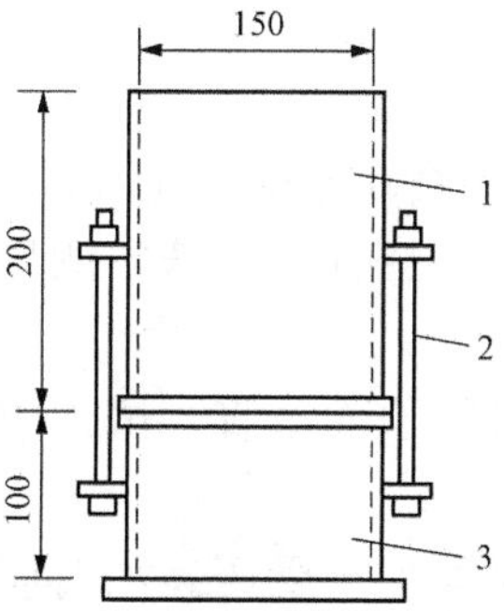

图 5-2　砂浆分层度测定仪

1—无底圆筒；2—连接螺栓；3—有底圆筒

3.2　试验步骤

（1）将拌和好的砂浆经稠度试验后重新拌和均匀，一次装满分层度筒内。用木锤在容器周围距离大致相等的 4 个不同地方轻敲 1～2 次，如砂浆沉落到分层度筒口以下，应随时添加，然后刮去多余的砂浆，并用抹刀抹平。

（2）静置 30min，去掉上层 200mm 砂浆，剩余的 100mm 砂浆重新倒入搅拌锅拌和 2min，再测定砂浆稠度。

（3）前后两次砂浆稠度的差值，即为砂浆的分层度值（精确至 1mm）。

3.3　试验结果

取两次试验结果的算术平均值作为该砂浆的分层度值。如两次分层度试验值之差大于 10mm，应重做试验。

4　砂浆抗压强度试验

4.1　主要仪器设备

（1）压力试验机（采用精度不大于±2%的试验机，其量程应能使试件预期破坏荷载值不小于全量程的20%，也不大于全量程的80%)。

(2) 试模：符合JG 237—2008《混凝土试模》的要求，内部尺寸为70.7mm×70.7mm×70.7mm的带底试模。

(3) 捣棒(直径10mm、长350mm、端部磨圆的钢棒)、刮刀等。

4.2 试验步骤

(1) 试件制作。采用立方体试件，每组试件应为3个。试模内应涂刷薄层机油或隔离剂。将拌制好的砂浆一次性装满砂浆试模，成型方法应根据稠度而确定。当稠度大于50mm时，宜采用人工插捣成型，当稠度不大于50mm时，宜采用振动台振实成型。

1) 人工插捣：应采用捣棒均匀地由边缘向中心按螺旋方式插捣25次，插捣过程中当有砂浆沉落，低于试模口时，应随时添加砂浆，可用油灰刀插捣数次，并用手将试模一边抬高5～10mm，各振动5次，砂浆应高出试模顶面6～8mm。

2) 机械振动：将砂浆一次性装满试模，放置到振动台上，振动时试模不得跳动，振动5～10s或持续到表面泛浆为止，不得过振。

待砂浆表面出现麻斑时(15～30min)，将高出模口的砂浆沿试模顶面刮去并抹平。

(2) 养护。试件制作后应在20℃±5℃环境下静置24h±2h。当气温较低时，或者凝结时间大于24h时，可适当延长时间，但不应超过2d。然后对试件进行编号并拆模。试件拆模后，立即放入标准养护室中(养护条件：混合砂浆为20℃±2℃，相对湿度60%～80%；水泥砂浆为20℃±2℃，相对湿度90%以上)继续养护至28d，然后进行试压。当无标准养护条件时，可采用自然养护(混合砂浆为正温度、相对湿度为60%～80%的室内；水泥砂浆为正温度并保持试件表面湿润，如湿砂堆中)。

养护期间，试件彼此间隔不得小于10mm，混合砂浆、湿拌砂浆试件应覆盖，防止有水滴在试件上。

(3) 抗压强度测定。

1) 试件从养护地点取出后，应尽快进行试验，以免试件内部温、湿度发生显著变化。先将试件表面擦净，测量尺寸(精确至1mm)，并据此计算试件的受压面积。若实测尺寸与公称尺寸之差不超过1mm，可按公称尺寸进行计算。

2) 将试件置于试验机的下压板上，试件的承压面应与成型时的顶面垂直，试件中心应与下压板中心对准。

3) 开动试验机，当上压板与试件接近时，调整球座，使接触面均衡受压。加荷应均匀而连续，加荷速度为0.25～1.5kN/s(砂浆强度不大于5MPa时，取下限为宜；大于5MPa时，取上限为宜)，当试件接近破坏而开始迅速变形时，停止调整试验机油门，直至试件破坏，然后记录破坏荷载。

4.3 试验结果评定

按式(5-1)计算试件的抗压强度(精确至0.1MPa)，即

$$f_{m,cu} = \frac{N_u}{A} \tag{5-1}$$

式中 $f_{m,cu}$——砂浆立方体试件抗压强度，MPa；

N_u——试件破坏荷载，N；

A——试件承压面积，mm^2。

砂浆立方体试件抗压强度应精确至 0.1MPa。

以 3 个试件测值的算术平均值的 1.3 倍（f_2）作为该组试件的砂浆立方体试件抗压强度平均值（精确至 0.1MPa）。

当 3 个测值的最大值或最小值中有一个与中间值的差值超过中间值的 15%时，则把最大值及最小值一并舍除，取中间值作为该组试件的抗压强度值；当有两个测值与中间值的差值均超过中间值的 15%时，则该组试件的试验结果无效。

试验六　钢　筋　试　验

1　一　般　规　定

(1) 同一截面尺寸和同一炉罐号组成的钢筋分批验收时，每批质量不大于 60t。

(2) 钢筋应有出厂证明书或试验报告单。验收时应抽样做机械性能试验，包括拉伸试验和冷弯试验。两个项目中如有一个项目不合格，该批钢筋即为不合格品。

(3) 钢筋在使用中如有脆断、焊接性能不良或机械性能显著不正常时，还应进行化学成分分析，或其他专项试验。

(4) 取样方法和结果评定规定，自每批钢筋中任意抽取两根，于每根距端部 50mm 处各取一套试样（两根试件）。在每套试样中取一根做拉伸试验，另一根做冷弯试验。在拉伸试验的两根试件中，如其中一根试件的屈服点、抗拉强度和伸长率三个指标中有一个指标达不到标准中规定的数值，应再抽取双倍（4 根）钢筋，制取双倍（4 根）试件重做试验，如仍有一根试件的一个指标达不到标准要求，则无论这个指标在第一次试验中是否达到标准要求，拉伸试验项目均为不合格。在冷弯试验中，如有一根试件不符合标准要求，应同样抽取双倍钢筋，制成双倍试件重做试验，如仍有一根试件不符合标准要求，冷弯试验项目即为不合格。

(5) 试验应在 20℃±10℃下进行，如试验温度超出这一范围，应于试验记录和报告中注明。

2　钢筋拉伸试验

2.1　主要仪器设备

(1) 万能材料试验机：试验机的测力示值误差不大于 1%。

(2) 游标卡尺：精确度为 0.1mm。

2.2　试件制作和准备

抗拉试验用钢筋试件不得进行车削加工，可以用两个或一系列等分小冲点或细划线标出原始标距（标记不应影响试件断裂），测量标距长度 L_0（精确至 0.1mm），见图 6-1。计算钢筋强度用横截面积采用表 6-1 中所列公称横截面积 A（mm^2）。

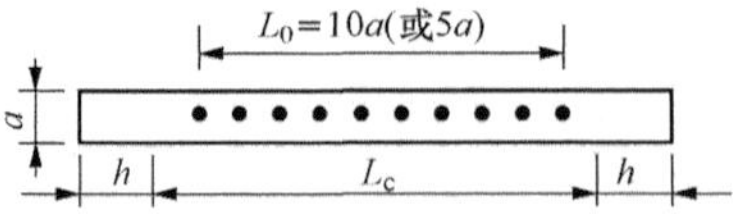

图 6-1　钢筋拉伸试件

a—试样原始直径；L_0—标距长度；

L_c—试样平行长度（不小于 L_0+a）；h—夹头长度

表 6-1　**钢筋的公称横截面积 A**

公称直径（mm）	A（mm^2）	公称直径（mm）	A（mm^2）
8	50.27	22	380.1
10	78.54	25	490.9
12	113.1	28	615.8
14	153.9	32	804.2
16	201.1	36	1018
18	254.5	40	1257
20	314.2	50	1964

2.3　屈服强度和抗拉强度测定

（1）调整试验机测力度盘的指针，使其对准零点，并拨动副指针，使其与主指针重叠。

（2）将试件固定在试验机夹头内，开动试验机进行拉伸，拉伸速度为：屈服前，应力增加速率按表 6-2 规定，并保持试验机控制器固定于这一速率位置上，直到该性能被测出为止；屈服后或只需测定抗拉强度时，试验机活动夹头在荷载下的移动速度不大于 $0.5L_c$/min。

表 6-2　**屈服前的应力速率**

金属材料的弹性模量（N/mm^3）	应力速率［$N/(mm^2 \cdot s)$］	
	最小	最大
＜150000	2	20
≥150000	6	60

（3）拉伸中，测力度盘的指针停止转动时的恒定荷载，或指针回转后不计初始瞬时效应时的最小荷载，即为所求的屈服点荷载 F_{eL}（N）；向试件连续加荷直至拉断，由测力度盘读出试验过程中的最大荷载 F_m（N）。

（4）试验结果评定。按式（6-1）计算试件的屈服强度，按式（6-2）计算试件的抗拉强度，即

$$R_{eL}=\frac{F_{eL}}{A} \tag{6-1}$$

$$R_m=\frac{F_m}{A} \tag{6-2}$$

式中　R_{eL}、R_m——屈服强度和抗拉强度，MPa；

F_{eL}、F_m——屈服点荷载和最大荷载，N；

A——试件的公称横截面积，保留 4 位有效数字，mm。

当 R_{eL} 或 R_m＞1000MPa 时，修约间隔 10MPa；当 R_{eL} 或 R_m 为 200～1000MPa 时，修约间隔 5MPa；当 R_{eL} 或 R_m≤200MPa 时，修约间隔 1MPa。小数点数字按“四舍六入五单双法”修约；当修约精确至尾数为 5 时，按二五进位修约（即计算值尾数≤2.5 时取 0，计算值尾数＞2.5 且＜7.5 时取 5，计算值尾数≥7.5 时进 1 位取 10）。

2.4 伸长率测定

(1) 将已拉断试件的两段在断裂处对齐，尽量使其轴线位于一条直线上。如拉断处由于各种原因形成缝隙，则此缝隙应计入试件拉断后的标距部分长度内。

(2) 如拉断处到邻近的标距点的距离大于 $1/3L_0$ 时，可用卡尺直接量出已被拉长的标距长度 L_1（精确至 0.1mm）。

(3) 如拉断处到邻近的标距端点的距离小于或等于 $1/3L_0$ 时，可按下述移位法确定 L_1：在长度上，从拉断处 O 点取基本等于短段格数，得 B 点；接着取等于长段所余格数（偶数，见图 6-2）的 1/2，得 C 点；或者取所余格数（奇数，见图 6-2）减 1 与加 1 的 1/2，得 C 与 C_1 点。移位后的 L_1 分别为 $AO+OB+2BC$ 或者 $AO+OB+BC+BC_1$。

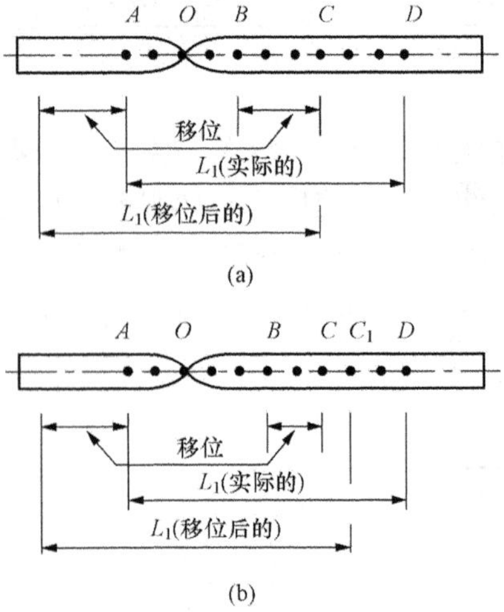

图 6-2 用移位法确定伸长率断后标距部分长度

如用直接量测所求得的伸长率能达到技术条件的规定值，则可不采用移位法。

(4) 按式（6-3）计算伸长率（精确至 0.5%），即

$$A(A_{11,3})=\frac{L_1-L_0}{L_0}\times 100\% \qquad (6-3)$$

式中 $A(A_{11,3})$——表示 $L_0=5a(L_0=10a)$ 时的伸长率，其中 a 为钢筋直径，mm；

L_0——钢筋原始标距；

L_1——拉断后的钢筋处于断裂处对接在一起的断后标距。

(5) 如试件在标距端点上或标距外断裂，则试验结果无效，应重做试验。

在拉力试验的两根试件中，如其中一根时间的屈服点、抗拉强度和伸长率 3 个指标中有一个指标达不到钢筋标准中规定的数值，应取双倍钢筋进行复验，若仍有一根试件的指标达不到标准要求，则判拉力试验项目不合格。

试验七　石 油 沥 青 试 验

1　沥青针入度试验

本方法适用于测定针入度小于350的石油沥青的针入度。

石油沥青的针入度以标准针在一定的载荷、时间及温度条件下垂直穿入沥青试样的深度表示，单位为1/10mm。如未另行规定，标准针、针连杆与附加砝码的总质量为100g±0.05g，温度为25℃±0.1℃，时间为5s。特定试验条件可采用表7-1的规定。

表7-1　沥青的针入度特定试验条件

温度（℃）	荷重（g）	时间（s）
0	200±0.05	60
4	200±0.05	60
46	50±0.05	5

1.1　主要仪器设备

（1）针入度仪：凡允许针连杆在无明显摩擦下垂直运动，并且能指示穿入深度精确至0.1mm的仪器均可应用，如图7-1所示。针连杆质量应为47.5g±0.05g，针和针连杆组合件的总质量应为50g±0.05g。针入度仪附带50g±0.05g和100g±0.05g砝码各1个。仪器设有放置平底玻璃皿的平台，并有可调水平的机构，针连杆应与平台相垂直。仪器设有针连杆制动按钮，紧压按钮可自由下落，针连杆易于卸下，以便检查其质量。

（2）标准针：应由硬化回火的不锈钢制成，针长约50mm、直径为1.00～1.02mm，其一端磨成锥形，并装在一个黄铜或不锈钢的金属箍中，针露在外面的长度为40～45mm，针箍及附加总重为2.50g±0.05g。

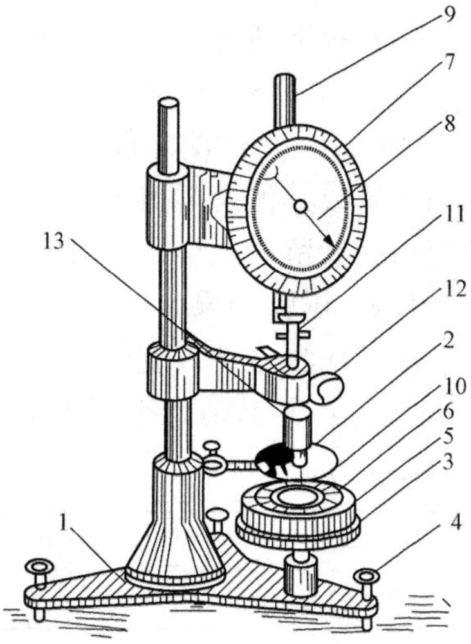

图7-1　针入度仪

1—底座；2—小镜；3—圆形平台；4—调平螺丝；5—保温皿；6—试样；7—刻度盘；8—指针；9—活杆；10—标准针；11—针连杆；12—按钮；13—砝码

（3）试样皿：为金属圆柱形平底容器。针入度小于200时，试样皿内径为55mm，内部深度为35mm；针入度在200～350时，试样皿内径为55mm，内部深度为70mm；针入度在350～500时，试样皿内径为50mm，内部深度为60mm。

（4）恒温水浴：容量不小于10L，能保持温度在试验温度的±0.1℃范围内。

（5）温度计：为液体玻璃温度计，刻度范围为0～50℃，分度为0.1℃。

（6）平底玻璃皿（容量不小于350mL，内设一个不锈钢三角支架，以保证试样皿稳定）、秒表、砂浴或可控温度的密闭电炉。

1.2 试验准备

（1）将预先除去水分的沥青试样在砂浴或密闭电炉上小心加热，不断搅拌。加热时焦油沥青的加热温度不得超过估计软化点的60℃，石油沥青不超过软化点的90℃。加热时间不得超过30min，用筛过滤除去杂质。加热、搅拌过程中避免试样中进入气泡。

（2）将试样倒入预先选好的两个试样皿中（一个备用），试样深度应大于预计穿入深度10mm。

（3）试样皿防灰尘落入。在15～30℃的室温下冷却1～1.5h（小试样皿）或1.5～2.0h（大试样皿）。然后将试样皿和平底玻璃皿移入保持规定试验温度的恒温水浴中，水面没过试样表面10mm以上。小皿恒温1～1.5h，大皿恒温1.5～2.0h。

1.3 试验步骤

（1）调节针入度仪的水平程度，检查针连杆和导轨，无明显摩擦。将擦干净的针插入连杆中固定，放好规定质量的砝码。

（2）取出恒稳至试验温度的试样皿和平底玻璃皿，放置在针入度仪的平台上。慢慢放下针连杆，使针尖刚刚接触试样的表面。必要时用放置在合适位置的光源反射进行观察。拉下活杆，使其与针连杆顶端相接触，调节针入度仪的表盘读数为零。

（3）用手紧压按钮，同时启动秒表，使标准针自由下落穿入沥青试样，到规定时间停压按钮，使标准针停止移动。

（4）拉下活杆，再使其与针连杆顶端相接触，表盘指针的读数即为试样的针入度。

（5）同一试样应重复测定3次，每一个试验点的距离和试验点与试样皿边缘的距离应不小于10mm。每次测定前应将平底玻璃皿放入恒温水浴。每次测定应换一根干净的针或取下针用甲苯或其他溶剂擦干净，再用干布擦干。当针入度大于200时，至少应用3根针，每次测定后将针留在试样中，直至3次测定完毕后，才能把针从试样中取出。

1.4 试验结果

取3次测定针入度的平均值（取整数）作为试验结果。3次测定的针入度值相差不应大于表7-2中的数值，否则应重新进行试验。

表7-2 针入度测定允许最大差值

针入度	0～49	50～149	150～249	250～350
最大差值	2	4	6	10

2 沥青延度试验

用规定的试样在一定温度下以一定速度拉伸至断裂时的长度，称为石油沥青的延度，以cm表示。非经特殊说明，试验温度为25℃±0.5℃，拉伸速度为5cm/min±0.5cm/min。

2.1 主要仪器设备

（1）延度仪（见图7-2）：凡能将试件浸没于水中，按照5cm/min±0.5cm/min速度拉伸试件的仪器均可使用。该仪器在开动时应无明显的振动。

（2）试件模具：由两个端模和两个侧模组成，其形状及尺寸应符合图7-2的要求。

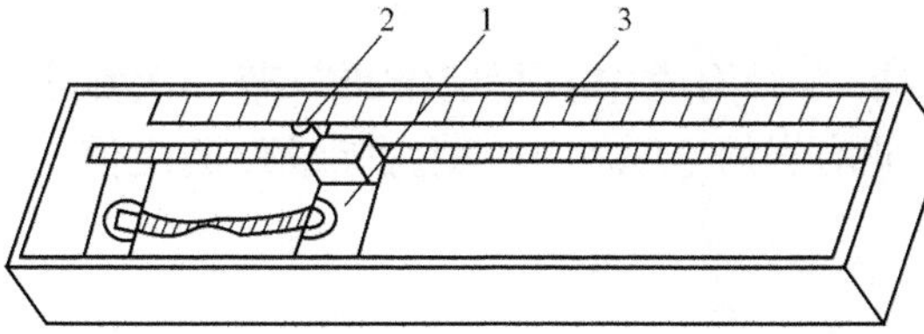

(a)

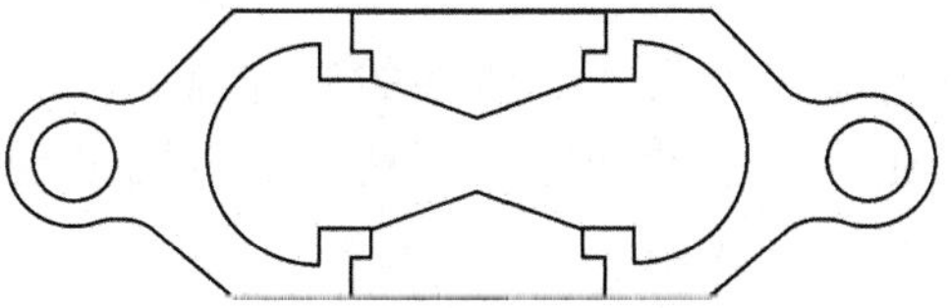

(b)

图 7-2 沥青延度仪及试件模具

(a) 延度仪；(b) 试件模具

1—滑板；2—指针；3—标尺

(3) 水浴：容量至少为 10L，能保持试验温度变化不大于 0.1℃的玻璃或金属器皿。试件浸入水中深度不得小于 10cm，水浴中应设置带孔搁架，搁架距底部不得小于 5cm。

(4) 温度计：0～50℃，分度 0.1℃和 0.5℃各 1 支。

(5) 瓷皿或金属皿（熔沥青用）、筛（筛孔为 0.3～0.5mm 的金属网）、砂浴或可控制温度的密闭电炉、金属板、甘油、滑石粉隔离剂（按质量计甘油 2 份、滑石粉 1 份）等。

2.2 试样制备

(1) 将甘油滑石粉与隔离剂（2∶1）拌和均匀，涂于磨光的金属板上和铜模侧模的内表面，将模具组装在金属板上。

(2) 将除去水分的试样在砂浴上小心加热熔化并防止局部过热，用筛过滤，充分搅拌消除气泡，然后将试样呈细流状，自模的一端至另一端往返倒入，使试样略高出模具。

(3) 试件在 15～30℃的空气中冷却 30min，然后放入 25℃±1℃的水浴中，保持 30min 后取出，用热刀自模的中间刮向两边，使沥青面与模面齐平，表面应刮得十分光滑。将试件和金属板再放入 25℃±0.1℃的水浴中 1～1.5h。

2.3 试验步骤

(1) 检查延度仪的拉伸速度是否符合要求，移动滑板使指针正对着标尺的零点。保持水槽中水温为 25℃±0.5℃。

(2) 将试件移到延度仪的水槽中，将模具两端的孔分别套在滑板及槽端的金属柱上，水面距试件表面应不小于 25mm，然后去掉侧模。

(3) 开动延度仪，观察沥青的拉伸情况。在测定时，如发现沥青细丝浮于水面或沉入槽底，则应在水中加入乙醇或食盐水调整水的密度至与试件的密度相近后，再进行测定。

(4) 试件拉断时，指针所指标尺上的读数，即为试样的延度（cm）。在正常情况下，试样被拉伸成锥尖状。在断裂时实际横断面面积为零。如不能得到上述结果，则在此条件下无测定结果。

2.4 试验结果

取平行测定的3个结果的平均值作为测定结果。若3次测定值不在其平均值的5%以内，但其中两个较高值在平均值的5%之内，则剔除最低测定值，取两个较高值的平均值作为测定结果。

3 沥青软化点试验

将规定质量的钢球放在内盛规定尺寸金属环的试样盘上，以恒定的加热速度加热此组件，当试样软到足以使被包在沥青中的钢球下落达25mm时的温度，即为石油沥青的软化点，以温度（℃）表示。

3.1 主要仪器设备

（1）沥青软化点测定仪（见图7-3）。

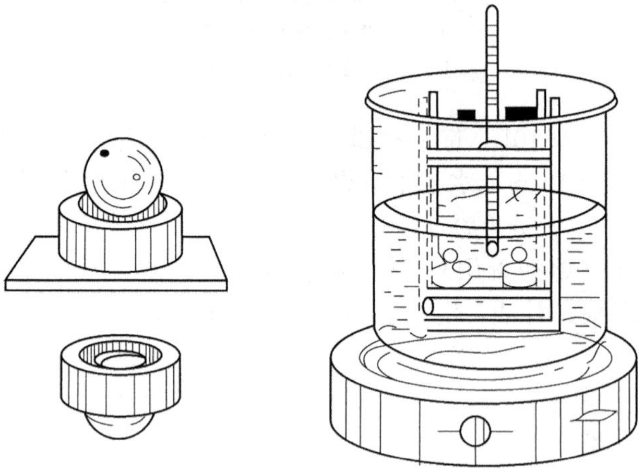

图7-3 沥青软化点测定仪

（2）水银温度计。

（3）电炉及其他加热器、金属板或玻璃板、筛（筛孔为0.3～0.5mm的金属网）、小刀、甘油—滑石粉隔离剂（以质量计甘油2份、滑石粉1份）、新煮沸过的蒸馏水。

3.2 试样制备

（1）将黄铜环置于涂有隔离剂的金属板或玻璃板上。

（2）将预先脱水的试样加热熔化，不断搅拌，以防止局部过热，加热温度不得高于试样估计软化点100℃，加热时间不超过30min。用筛过滤。将试样注入黄铜环内至略高出环面。若估计软化点在120℃以上，应将黄铜环与金属板预热至80～100℃。

（3）试样在15～30℃的空气中冷却30min后，用热刀刮去高出环面的试样，使其与环面齐平。

（4）估计软化点不高于80℃的试样，将盛有试样的黄铜环及板置于盛满水的保温槽内，水温保持在5℃±0.5℃，恒温5min。估计软化点高于80℃的试样，将盛有试样的黄铜环及板置于盛满甘油的保温槽内，甘油温度保持在32℃±1℃，恒温5min，或将盛有试样的黄铜环水平安放在环架中承板的孔内，然后放在盛有水或甘油的烧杯中，恒温5min，温度要求同保温槽。

(5) 烧杯内注入新煮沸并冷却至5℃的蒸馏水(估计软化点不高于80℃的试样),或注入预先加热至约32℃的甘油(估计软化点高于80℃的试样),使水面或甘油面略低于环架连杆上的深度标记。

3.3 试验步骤

(1) 从保温槽中取出盛有试样的黄铜环,放置在环架中承板的圆孔中,并套上钢球定位器,把整个环架放入烧杯内,调整水面或甘油液面至深度标记,环架上任何部分均不得有气泡。将温度计由上承板中心孔垂直插入,使水银球与铜环下面齐平。

(2) 将烧杯放在有石棉网的电炉上,然后将钢球放在试样上(需使各环的平面在全部加热时间内完全处于水平状态)立即加热,使烧杯内水或甘油温度的上升速度保持每分钟上升5℃±0.5℃,在整个测定中如温度的上升速度超出此范围,则试验应重做。

(3) 试样受热软化下坠至与下承板面接触时的温度,即为试样的软化点。

3.4 试验结果

取平行测定的两个结果的算术平均值作为测定结果。平行测定的两个结果的差值不得大于表7-3中的数值。

表7-3 沥青软化点测定允许差数 ℃

软化点	允许差数
<80	1
80~100	2
100~140	3

试验八　综合设计型试验

1　普通混凝土配合比设计试验

1.1　试验的目的与要求

目的：掌握普通混凝土的配合比设计过程、拌合物的和易性和强度的试验方法，培养学生综合设计试验的能力。

要求：根据提供的工程情况和原材料，依据《普通混凝土配合比设计规程》（JGJ 55—2011）的规定设计出普通混凝土的最初配合比，然后进行试配和调整，确定符合工程要求的普通混凝土配合比。

1.2　工程情况和原材料条件

例如：某工程的钢筋混凝土梁，混凝土设计强度等级为C30，施工要求坍落度为35～50mm，混凝土采用机械搅拌、机械振捣。根据施工单位的近期统计资料，混凝土强度标准差为4.6MPa。

原材料条件如：水泥为P.O42.5，密度为3.1g/m^3；砂为中砂；碎石，最大粒径为5～31.5mm；水为自来水。

1.3　试验步骤

（1）原材料性能试验。

1）水泥性能试验：细度、凝结时间、安定性、胶砂强度试验。

2）砂子：表观密度、堆积密度、筛分析、含泥量和泥块含量试验。

3）碎石：表观密度、堆积密度、筛分析、压碎指标试验。

（2）计算配合比。依据JGJ 55—2011的规定，根据给定的工程情况和原材料条件，以及试验测得的原材料性能，进行配合比计算，求出每立方米混凝土中各种材料的用量。

（3）配合比的试配。

（4）配合比的调整和确定。

1.4　问题与讨论

（1）根据已知的工程情况的原材料条件，如何设计出符合要求的普通混凝土配合比？

（2）配合比为什么要进行试配？配合比试配时，当有关指标达不到设计要求时，应如何进行调整？

（3）为什么检验混凝土的强度至少采用3个不同的配合比？制作混凝土强度试件时，为什么还要检验混凝土拌合物的和易性及表观密度？

2　掺外加剂或掺合料的混凝土配合比设计试验

2.1　试验的目的与要求

目的：在普通混凝土配合比设计试验的基础上，熟悉掺外加剂或掺合料的混凝土配合比设计方法，培养学生综合设计试验的能力。

要求：根据提供的工程情况和原材料，依据 JGJ 55—2011 的规定设计出最初配合比，然后进行试配和调整，确定符合工程要求的掺外加剂或掺合料的混凝土配合比。

2.2　工程情况和原材料条件

例如：某工程的钢筋混凝土柱，其混凝土设计强度等级为 C35，施工要求坍落度为 120～140mm。施工单位无历史统计资料。

原材料条件为：水泥为 P·O42.5，密度为 3.1g/m^3；砂为中砂；碎石，最大粒径为 5～31.5mm；水为自来水；减水剂和掺合料质量均符合国家现行相关标准的规定。

2.3　试验步骤

（1）原材料性能试验。

1）水泥性能试验：细度、凝结时间、安定性、胶砂强度试验。

2）砂子：表观密度、堆积密度、筛分析、含泥量和泥块含量试验。

3）碎石：表观密度、堆积密度、筛分析试验。

4）减水剂：减水率、与水泥的适应性试验。

（2）计算配合比。

1）依据 JGJ 55—2011 的规定，根据给定的工程情况和原材料条件，以及实验测得的原材料性能，进行配合比计算，求出每立方米混凝土中各种材料的用量。

2）掺减水剂时，为改善混凝土拌合物的和易性，适当增大砂率，重新计算砂、石的用量。掺入掺合料时，可采用等量取代法、超量取代法（一般常用方法）或外加法，计算掺合料混凝土配合比。

（3）配合比的试配。

（4）配合比的调整和确定。

2.4　问题与讨论

（1）根据已知条件，如何设计出符合要求的掺外加剂或掺合料的混凝土配合比？

（2）在混凝土中掺减水剂有几种使用效果？如何进行配合比设计？

（3）在混凝土中掺入掺合料有几种方法？如何进行配合比设计？

3　沥青混合料的配合比设计试验

3.1　试验的目的与要求

目的：熟悉沥青混合料配合比设计的过程和沥青与沥青混合料的基本性能试验方法，培养学生综合设计试验的能力。

要求：依据 GB 50092—1996《沥青路面施工及验收规范》的规定，根据沥青混合料的技术要求，确定热拌沥青混合料的配合比。

3.2　工程情况和原材料条件

道路等级：高速公路。

路面类型：三层式沥青混凝土路面上面层。

气候条件：温和地区。

原材料条件：

（1）重交通道路石油沥青 AH-70。

（2）粗集料：碎石黏附性为5级，表观密度为2870kg/m^3。

（3）细集料：石屑，表观密度为2810kg/m^3；砂为中砂，表观密度为2640kg/m^3。

（4）矿粉：表观密度为2670kg/m^3，含水率为0.8%。

沥青、粗集料、细集料和矿粉的技术性能均符合GB 50092—1996的沥青面层质量要求。

3.3 热拌沥青混合料配合比设计试验步骤

（1）沥青基本性能试验：针入度、延度、软化点试验。

（2）粗集料、细集料和矿粉的筛分析试验。

（3）矿质混合料级配组成的确定。

（4）沥青最佳用量的确定。

3.4 问题与讨论

（1）简述热拌沥青混合料配合比设计的步骤。

（2）矿质混合料的配合比是如何计算的？

（3）如何确定沥青的最佳用量？

试验九　墙体材料试验

1　烧结普通砖抗压强度试验

1.1　仪器设备

压力机（300～500kN）、锯砖机或切砖器、直尺等。

1.2　试件制备及养护

（1）将10块试样切断或锯成两个半截砖，断开的半截砖长度不得小于100mm，如果不足100mm，应另取备用试样补足。

（2）将已断开的半截砖放入室温的净水中10～20min后取出，并以断口相反方向叠放，两者中间抹以厚度不超过5mm、用P·O32.5或P·O42.5水泥调制成的稠度适宜的水泥净浆进行黏结，上下两面用厚度不超过3mm的同种水泥浆抹平。制成的试件上下两面应相互平衡，并垂直于侧面。

（3）将制备好的试件置于温度不低于10℃的不通风室内养护3d。

1.3　试验步骤

（1）测量每个试件连接面的长、宽尺寸，分别取其平均值（精确至1mm），并计算受力面积A（mm^2）。

（2）将试件平放在加压板的中央，垂直于受压面加载，加载速度为5kN/s±0.5kN/s，直到试件破坏为止，记录最大破坏荷载P（N）。

1.4　试验结果评定

（1）单块砖样的抗压强度值f_i按式（9-1）计算（精确至0.01MPa），即

$$f_i = \frac{P}{A} \tag{9-1}$$

（2）计算10块砖样的抗压强度平均值$\overline{f}$、10块砖样的抗压强度标准差S和强度变异系数δ。$\overline{f}$计算精确至0.01MPa。

抗压强度标准差S按式（9-2）计算（精确至0.01MPa），即

$$S = \sqrt{\frac{1}{9}\sum_{i=1}^{10}(f_i - \overline{f})^2} \tag{9-2}$$

式中　f_i——单块砖样的抗压强度测定值，MPa；

$\overline{f}$——10块砖样的抗压强度平均值，MPa；

S——10块砖样的抗压强度标准差，MPa。

强度变异系数δ按式（9-3）计算（精确至0.01MPa），即

$$\delta = \frac{S}{\overline{f}} \tag{9-3}$$

1）当变异系数$\delta \leqslant 0.21$时，按抗压强度平均值$\overline{f}$、强度标准值f_k评定砖的强度等级。f_k值按式（9-4）计算（精确至0.01MPa），即

$$f_k = \overline{f} - 1.8S \tag{9-4}$$

2）当变异系数 $\delta > 0.21$ 时，按抗压强度平均值 $\overline{f}$、单块最小抗压强度值 f_{min}（精确至 0.01MPa）评定砖的强度等级。

2 蒸压加气混凝土砌块抗压强度试验

2.1 仪器设备

压力机（300～500kN）、锯砖机或切砖器、直尺等。

2.2 试件制备

沿制品膨胀方向中心部分上、中、下顺序锯取一组，“上”块上表面距离制品顶面 30mm，“中”块在正中处，“下”块的下表面距离制品底面 30mm。制品的高度不同，试件间隔略有不同。采用 100mm×100mm×100mm 立方体试件，在其质量含水率为 25%～45% 的情况下进行试验。

2.3 试验步骤

（1）测量试件的尺寸，精确至 1mm，并计算试件的受压面积 A_1（mm^2）。

（2）将试件放在材料试验机下压板的中心位置，试件的受压方向应垂直于制品的膨胀方向，以（2.0±0.5）kN/s 的速度连续而均匀地加荷，直至试件破坏，记录最大破坏荷载 P_1（N）。

（3）立即对试验后的试件全部或部分称其质量，然后在 105℃±5℃温度下烘至恒重，计算其含水率。

2.4 试验结果评定

抗压强度按式（9－5）计算，即

$$f_{cc} = \frac{P_1}{A_1} \tag{9-5}$$

式中 f_{cc}——试件的抗压强度值，MPa；

P_1——试件的破坏荷载，N；

A_1——试件的受压面积，mm^2。

按 3 块试件试验值的算术平均值进行评定，精确至 0.01MPa。

附录 A　砂浆保水率试验方法

A.1　滤纸法测保水率

A.1.1　试验仪器和材料

采用 JGJ/T 70—2009《建筑砂浆基本性能试验方法标准》第 7.0.1 条规定的保水性试验所用试验仪器和材料。

A.1.2　试验步骤

（1）称量干燥试模质量（m_1）和 n（宜 8～28）片中速定性滤纸质量（m_2）。

（2）将砂浆拌合物一次性装入试模，并用抹刀插捣数次，当装入的砂浆略高于试模边缘时，用抹刀以 45°角一次性将试模表面多余的砂浆刮去，然后用抹刀以较平的角度在试模表面反方向将砂浆刮平，整个过程不得振动砂浆及试模。

（3）抹掉试模边上的砂浆，称量试模、底部不透水片与砂浆总质量（m_3）。

（4）用 0.045mm 筛网完全覆盖在砂浆表面，筛网应平整，凹凸相差不超过 0.5mm，再在筛网表面放上 n 片滤纸，（以吸水结束后，最上层滤纸未吸到水为准，基准砂浆宜 25 片，受检砂浆宜 8～18 片），用上部不透水片盖在滤纸表面，以 2kg 的重物将上部不透水片压住。

（5）静止 10min 后移走重物及上部不透水片，取出滤纸，迅速称量滤纸质量（m_4），按配比及加水量计算含水率。

A.1.3　试验结果

砂浆保水率按式（A.1）计算，即

$$W=\left[1-\frac{m_4-m_2}{\alpha(m_3-m_1)}\right]\times 100\% \tag{A.1}$$

式中　W——砂浆的保水率，%；

α——砂浆含水量，按照标准确定的标准稠度砂浆加水量与湿砂浆总量之比，%（精确至 0.1%）。

取两次试验结果的算术平均值作为砂浆的保水率，精确至 0.1%。当两个测定值之差超过 1.5%时，试验结果无效。

A.2　真空抽滤法测保水率

A.2.1　试验仪器和材料

保水率测定装置及 T 形刮板如图 A.1、图 A.2 所示。

（1）布氏漏斗：外径为 150mm，深 65mm。

（2）真空抽滤瓶：单接口和双接口各一个，容量 1000～2500mL。

（3）压力计（负压表）：负压可达 106.65kPa（800mmHg 柱）。

（4）真空泵：负压可达 106.65kPa（800mmHg 柱）。

（5）T 形刮板：由厚度为 1mm 的硬质耐磨材料制成。

（6）天平：量程不小于 2kg，感量不低于 0.1g。

（7）其他工器具：油灰刀、刮平刀、抹刀、钢板尺和量筒等。

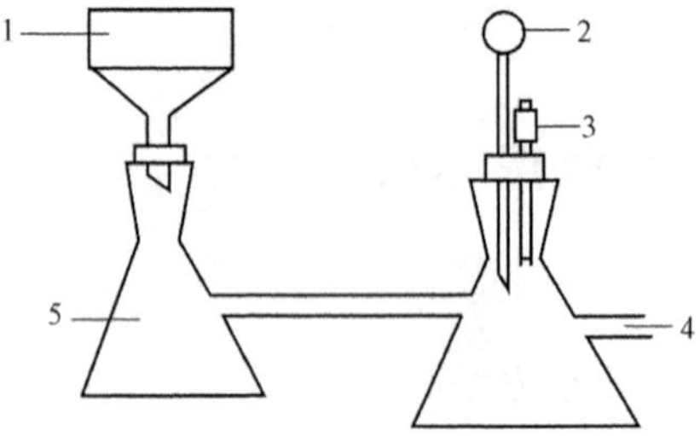

图 A.1 保水率测定装置示意图

1—布氏漏斗；2—压力计；3—调压阀；
4—接真空泵；5—抽滤瓶

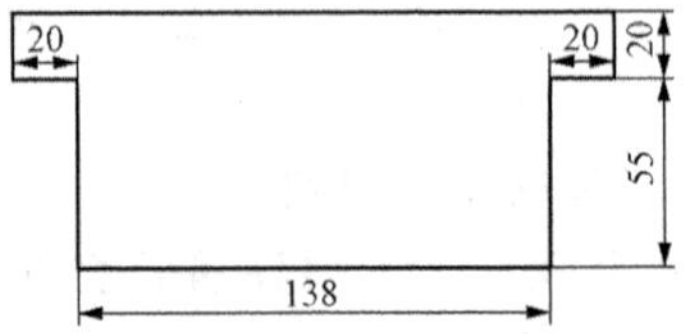

图 A.2 T 形刮板示意图

A.2.2 试验步骤

（1）按布氏漏斗的内径裁剪中速定性滤纸两张，裁剪的滤纸尺寸应小于布氏漏斗的内径且能完全覆盖每个滤孔，将两张滤纸铺在布氏漏斗底部，用水浸湿。

（2）将布氏漏斗放到抽滤瓶上，开动真空泵，抽滤 1min，取下布氏漏斗，用滤纸将下口残余水擦净后称量（G_1），精确至 0.1g。

（3）将新拌砂浆放入称量后的布氏漏斗内，轻轻晃动，也可用手拍打，使砂浆在布氏漏斗中流平，用 T 形刮板在漏斗中垂直旋转刮平，使料浆厚度保持在 10mm±0.5mm 范围内。擦净布氏漏斗内壁上的残余新拌砂浆，称量装有新拌砂浆的布氏漏斗（G_2），精确至 0.1g。

（4）将称量后的布氏漏斗放到抽滤瓶上，开动真空泵。在 30s 之内将负压调至 53.33kPa±0.67kPa（400mm±5mmHg 柱）。抽滤 20min，然后取下布氏漏斗，用滤纸将下口残余水擦净，称量（G_3），精确至 0.1g。

A.2.3 试验结果评定

按式（A.2）计算砂浆的保水率 R（精确至 1%），即

$$R=\left[1-\frac{G_2-G_3}{\alpha\times(G_2-G_1)}\right]\times 100\% \tag{A.2}$$

式中 R——砂浆的保水率，%；

α——砂浆的含水量，按照标准确定的标准稠度砂浆加水量与湿砂浆总量之比，%（精确至 0.01%）。

若连续两次测得的保水率与其平均值的差不大于 3%，取该平均值作为试样的保水率，否则应重做试验。

附录B　抹面砂浆抗裂性能试验方法

B.1　原　　理

本方法的原理是通过提高试验砂浆的表面温度、加快空气流动速度，使砂浆水分蒸发加快，产生一定的收缩应力，促使砂浆在塑性和硬化条件下出现一定的裂缝。计算砂浆的开裂指数，以砂浆的开裂指数反映砂浆的抗开裂性能。

B.2　试　验　仪　器

（1）砂浆搅拌机：水泥试验用胶砂搅拌机。

（2）风扇：风速为4～5m/s。

（3）碘钨灯：1000W。

（4）钢卷尺：长5m，量程5000mm，分度值1mm。

（5）塞尺：量程4.07mm，分度值0.01mm。

（6）实验室条件：温度为25℃±3℃，相对湿度不超过65%。

B.3　试　　件

B.3.1　水泥砂浆基板

采用振捣方式成型尺寸为600mm×600mm×20mm的水泥砂浆板。砂浆试件成型之后在标准试验条件下放置24h后拆模，在23℃±5℃、相对湿度90%以上的条件下养护7d。

B.3.2　试件制作

用水泥基泡沫保温板专用黏结砂浆将4块300mm×300mm、符合JC/T 2200—2013中Ⅱ型的水泥基泡沫保温板黏贴在已制作好的边长600mm的方形砂浆板上，以备24h后使用。

B.4　试　验　步　骤

（1）按JC/T 951—2005的图2（见图B.1）布置试件、风扇和碘钨灯，在已制作好的黏结在砂浆基板上的4块300mm×300mm水泥基泡沫保温板表面抹3mm厚的抹面砂浆。抹面砂浆抹平后，立即开启风扇吹向试件表面，风扇位于距试件边150mm处，风叶中心与试件表面平行，试件横向中心线的风速为4～5m/s。同时开启1000W碘钨灯，碘钨灯位于试件横向中心线的上方1.2m、距试件边150mm处，连续光照4h后关闭碘钨灯，并记录开

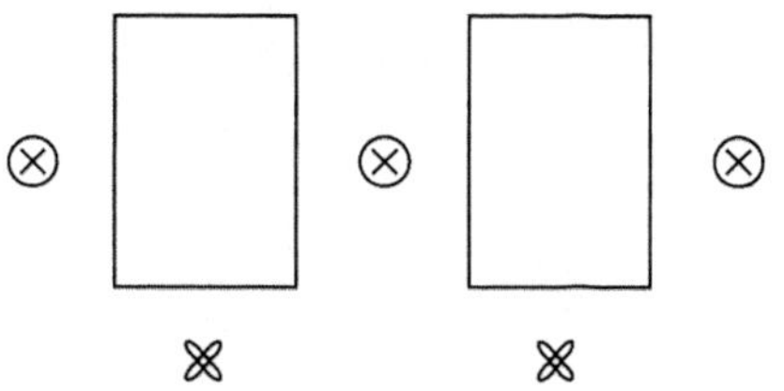

图B.1　试验布置示意图

⊗—碘钨钉；✗—风扇

启、关闭的时间。

（2）风扇连续吹72h后，观察表面开裂情况，用塞尺分段测量裂缝宽度d，按裂缝宽度分级测量裂缝长度l，用棉纱线沿着裂缝的走向取得相应的长度，以钢卷尺测量其值l，单位为mm，裂缝测量过程中应为同一人操作。

（3）记录试验开始和结束的试验室温、湿度条件。

B.5 试验结果评定

（1）以约束区内的裂缝作为本次试验的评定依据。根据裂缝宽度把裂缝分为五级，每一级对应一个权重值（见表B.1），将每一条裂缝的长度乘以其相对应的权重值，再相加起来所得到的总和称为开裂指数W，以此表示水泥砂浆的开裂程度。

表B.1 权重值裂缝宽度 d

裂缝宽度d（mm）	权重值A
$d \geq 3$	3
$2 \leq d < 3$	2
$1 \leq d < 2$	1
$0.5 \leq d < 1$	0.5
$d < 0.5$	0.25

（2）开裂指数按式（B.1）计算，即

$$W = \sum (A_i l_i) \quad \text{(B.1)}$$

式中 W——开裂指数，mm；

A_i——权重值；

l_i——裂缝长度。

（3）以两个试件开裂指数的算术平均值作为该组试件的开裂指数值，计算精确至1mm。

（4）抗开裂性能比γ按式（B.2）计算（精确至1%），即

$$\gamma = \frac{W_0 - W_1}{W_0} \quad \text{(B.2)}$$

式中 γ——抗开裂性能比，正值表示提高，负值表示降低，%；

W_1——需要检测的掺入水泥砂浆中外掺材料的开裂指数平均值，mm；

W_0——基准砂浆的开裂指数平均值，mm。

附录C 砂浆拉伸黏结强度试验方法

C.1 适 用 范 围

本方法适用于测定砂浆拉伸黏结强度。

C.2 试 验 条 件

标准试验条件为温度23℃±2℃，相对湿度45%～75%。

C.3 试 验 仪 器

（1）拉力试验机：破坏荷载应在其量程的20%～80%范围内，精度为1%，最小示值为1N。

（2）拉伸专用夹具。

（3）成型框：外框尺寸70mm×70mm，内框尺寸40mm×40mm，厚度为6mm，材料为硬聚氯乙烯或金属。

（4）钢制垫板：外框尺寸70mm×70mm，内框尺寸43mm×43mm，厚度为3mm。

C.4 试 件 制 备

C.4.1 基底水泥砂浆试件的制备

（1）原材料：水泥符合GB 175—2007《通用硅酸盐水泥》的42.5级水泥标准；砂符合JGJ 52—2006《普通混凝土用砂、石质量及检验方法标准》的中砂标准；水符合JGJ 63—2006《混凝土用水标准》的用水标准。

（2）配合比：水泥∶砂∶水＝1∶3∶0.5（质量比）。

（3）成型：按上述配合比制成的水泥砂浆倒入70mm×70mm×20mm的硬聚氯乙烯或金属模具中，振动成型或按人工成型，试模内壁事先宜涂刷水性脱模剂，待干、备用。

（4）成型24h后脱模，放入23℃±2℃水中养护6d，再在试验条件下放置21d以上。试验前用200号砂纸或磨石将水泥砂浆试件的成型面磨平，备用。

C.4.2 砂浆料浆的制备

（1）干混砂浆料浆的制备。

1）待检样品应在试验条件下放置24h以上。

2）称取不少于10kg的待检样品，按产品制造商提供比例进行水的称量，若给出一个值域范围，则采用平均值。

3）将待检样品放入砂浆搅拌机中，启动机器，徐徐加入规定量的水，搅拌3～5min。

搅拌好的料应在 2h 内用完。

(2) 湿拌砂浆料浆的制备。

1) 待检样品应在试验条件下放置 24h 以上。

2) 按产品制造商提供比例进行物料的称量，干物料总量不少于 10kg。

3) 将称好的物料放入砂浆搅拌机中，启动机器，徐徐加入规定量的水，搅拌 3～5min。搅拌好的料应在规定时间内用完。

(3) 现拌砂浆料浆的制备。

1) 待检样品应在试验条件下放置 24h 以上。

2) 按设计要求的配合比进行物料的称量，干物料总量不少于 10kg。

3) 将称好的物料放入砂浆搅拌机中，启动机器，徐徐加入规定量的水，搅拌 3～5min。搅拌好的料应在 2h 内用完。

C.4.3 拉伸黏结强度试件的制备

将成型框放在制备好的水泥砂浆试块的成型面上，将制备好的干混砂浆料浆或直接从现场取来的湿拌砂浆试样倒入成型框中，用捣棒均匀插捣 15 次，人工颠实 5 次，然后转 90°，再颠实 5 次，用刮刀以 45°方向抹平砂浆表面，轻轻脱模，在温度 23℃±2℃、相对湿度 60%～80%的环境中养护至规定龄期。每一砂浆试样至少应制备 10 个试件。

C.5 拉伸黏结强度试验

(1) 将试件在标准试验条件下养护 13d，在试件表面涂上环氧树脂等高强度黏合剂，然后将上夹具对正位置放在黏合剂上，并确保上夹具不歪斜，继续养护 24h。

(2) 测定拉伸黏结强度。其夹具见图 C.1、图 C.2。

(3) 将钢制垫板套在基底砂浆块上，将拉伸黏结强度用夹具安装到试验机上，试件置于拉伸夹具中，夹具与试验机的连接宜采用球铰活动连接，以 5mm/min±1mm/min速度加荷至试件破坏。试验时破坏面若在检验砂浆内部，则认为该值有效，并记录试件破坏时的荷载值。若破坏形式为拉伸夹具与黏合剂破坏，则试验结果无效。

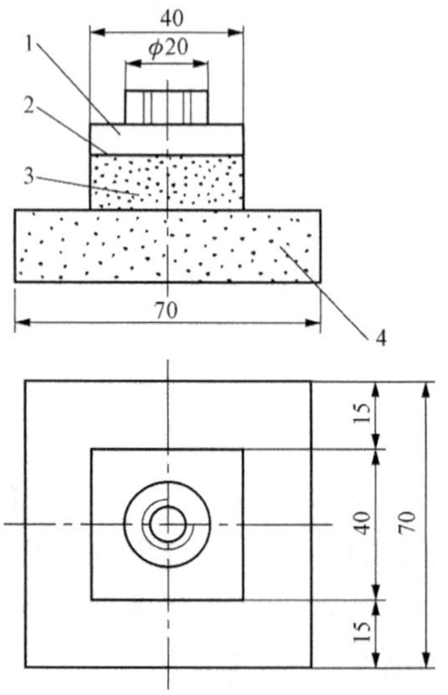

图 C.1 拉伸黏结强度用钢制上夹具

1—拉伸用钢制上夹具；2—黏合剂；3—检验砂浆；4—水泥砂浆块

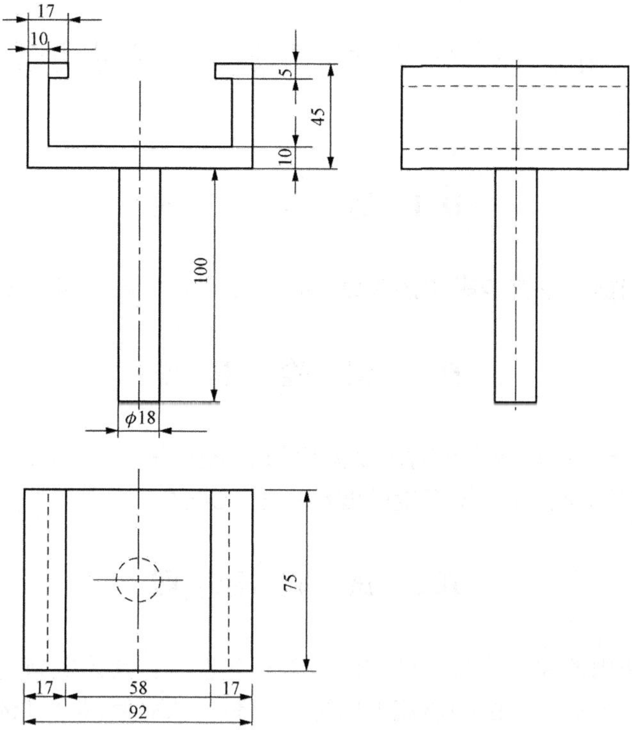

图 C.2 拉伸黏结强度用钢制下夹具

C.6 试验结果评定

拉伸黏结强度应按下式计算，即

$$f_{at}=\frac{F}{A_Z} \tag{C.1}$$

式中 f_{at}——砂浆的拉伸黏结强度，MPa；

F——试件破坏时的荷载，N；

A_Z——黏结面积，mm^2。

单个试件的拉伸黏结强度值应精确至 0.001MPa，计算 10 个试件的平均值，如单个试件的强度值与平均值之差大于 20%，则逐次舍弃偏差最大的试验值，直至各试验值与平均值之差不超过 20%。当 10 个试件中有效数据不少于 6 个时，取剩余数据的平均值为试验结果，结果精确至 0.01MPa。当 10 个试件中有效数据不足 6 个时，则此组试验结果无效，应重新制备试件进行试验。

有特殊条件要求的拉伸黏结强度，按要求条件处理后，重复上述试验。

附录D 保温材料导热系数试验方法

D.1 适 用 范 围

本方法适用于当前高校普遍采用的VQ-300-G型导热系数测定仪测试导热系数。

D.2 试 验 环 境

VQ-300-G型导热系数测定仪对环境温度的要求严格，仪器应放在恒温间（或空调房）进行试验，并且保持试验过程环境温度的波动在±2℃之内。

D.3 试 验 原 理

采用目前国际通用的导热系数测试方法：防护热板法。具体实施措施是，在仪器计量区周围的二维空间方向内对计量区的热流方向进行控制，从而使得穿过试件横截面方向的热流方向为垂直，排除了横向热流对计量的影响。GB/T 10294—2008《绝热材料稳态热阻及有关特性的测定 防护热板法》提出两种测试法：单试件法和双试件法。针对试验过程中用户很难做出两块几何和其他物理参数一致的试件，所以VQ-300-G型导热系数测定仪采用单试件测法。

D.4 试 验 仪 器

（1）导热系数测定仪：导热系数范围为0.015～1.200W/(m·k)；测量重复性为±1.5%；热面最高温度为90℃；冷面最低温度为－10℃；测量精度为±3%。

（2）电热鼓风干燥箱：最高温度为200℃，灵敏度为±1℃。

（3）电子天平：量程为10kg，感量1g。

（4）砂纸、尺子等用具。

D.5 试 件 制 备

制备尺寸为300mm×300mm、厚度在20～30mm之间的保温材料试件，养护到规定龄期。将试件放在电热鼓风干燥箱内，在105℃±5℃下烘干至恒重M_0，精确至1g。试件的测试面平面平行度误差小于0.2mm，测试面平面度误差在±0.1mm内。平面平行度误差和平面度误差达不到要求的试件应采取合适的加工措施，如用砂纸打磨至满足试验要求。

对特殊材质和几何形状的试件，应采取相应的控制方法，柔软材质的板状试件应在边角部安装定厚支柱，粉状颗粒应采取盒装定型。

测试件在装入仪器前要测量厚度 d，精确至 0.1mm。

按式（D.1）计算出试件干表观密度 ρ_0（精确至 0.01g/cm^3），即

$$\rho_0 = \frac{M_0}{30 \times 30d} \tag{D.1}$$

式中　M_0——试件干燥状态质量，g；

d——试件厚度，cm。

D.6　导热系数试验步骤

（1）放置试件。启动导热系数测试仪，并与计算机相连。将已准备好的测试件放入测试腔。扳动运动控制开关，使冷侧板向前移动，将测试件夹紧，直至电动机停止运动，盖上护温盖门。在计算机上运行“VQ-300-G型导热系数测定仪测控系统 V1.0”软件。

（2）输入参数。在软件主界面的“测试材料信息”栏目选择当前测试材料的种类，填写试件的厚度和密度。在“试验温度参数设定”栏目中填写平均温度、冷热温差和冷面温度。

材料的导热系数与平均温度有关，平均温度的设定依测试材料的种类而定，对于常见的保温隔热材料（聚苯乙烯泡沫塑料、聚氨酯保温板、中空玻璃等），通常设定为室温比较合适（如23℃），平均温度的设定范围通常在5～60℃之间。

冷热温差的设定通常在20～50℃之间。一般而言，导热系数小的材料，其温差值应设得大些。对于聚苯类的材料，其温差值不低于30℃。另外，试件的厚度越大，温差值也要相应提得更高。材料导热系数较大且厚度薄的试件，温差值可以更小些，比如15℃。

冷面温度在－10℃～室温范围内设定，当设定为－10℃时，实验室的环境温度应控制在22℃以下。

一般情况下的测试，按照软件上的默认值即可。

将各数值输入后，点击“确定”和“应用”按钮。

（3）设定测试时间。VQ-300导热系数测定仪是按照计测功率法测量，不是传统的热流法测量，所以在全程试验所需时间上要远远大于热流法。一般测试情况下，试验全程时间可以设为1500min（25h），在一定的时间段范围内，测试时间越长，得到的测量结果越准确，这个情况可以从软件运行的渐近线曲线看到。

（4）测试。所有设定完成后，点击开始按钮，输入本次试验的文件名，设备开始进入温控状态，热侧板开始升温，冷侧板开始降温。同时仪器前面板的指示灯变亮指示当前工作状态，软件界面也有相应的数据和曲线显示。

试验时间到，对话框会提示：“热流达到稳定状态，测试结束!”

D.7　试验数据提取

试验数据的记录在“：/(应用程序安装目录）/导热仪测试数据/试验数据/”文件夹下，点击查看并记录导热系数值即可。

附录E 保温材料体积吸水率试验方法

E.1 试验仪器设备

（1）电热鼓风干燥箱最高温度200℃，灵敏度±1℃。

（2）恒温水槽：水温20℃±5℃。

（3）电子天平：量程为2000g，感量1g。

E.2 试验步骤

（1）取一组3块试件，逐块量取长度、宽度和高度，精确至1mm，计算每个试件的体积V。

（2）将试件放入水温20℃±5℃的恒温水槽内，然后加水至试件高度的1/3，保持24h，再加水至试件高度的2/3，经24h后，加水高出试件30mm以上，保持24h。试件间距不得小于20mm。

（3）将试件从水中取出，用湿布抹去表面水分，立即称取每块质量M_g，精确至1g。

（4）将试件放在电热鼓风干燥箱内，在105℃±5℃下烘至恒质量M_0，精确至1g。

E.3 试验结果计算

体积吸水率按式（E.1）计算，即

$$W_s=\frac{M_g-M_0}{\rho V}\times 100\% \tag{E.1}$$

式中 W_s——试件的体积吸水率，%；

M_g——试件吸水后质量，g；

M_0——试件烘干后质量，g；

ρ——水的密度，其值为0.001g/m^3；

V——试块的体积，mm^3。

泡沫混凝土的体积吸水率以3个试件体积吸水率的算术平均值表示，精确至1%。

参 考 文 献

[1] 湖南大学，等. 土木工程材料 [M]. 2版. 北京：中国建筑工业出版社，2011.
[2] 柯国军. 土木工程材料 [M]. 2版. 北京：北京大学出版社，2012.

“十三五”普通高等教育本科系列教材

AutoCAD建筑工程绘图教程	马晓丽　於　辉
建筑制图（第二版）	於　辉
建筑制图习题集（第二版）	於　辉
测量学（第三版）	邓念武
测量学习题与实训指导	金银龙
土木工程材料	赵庆新
土木工程材料实验教程	薛力梨
房屋建筑学（第三版）	崔艳秋
房屋建筑学与建筑构造复习指南	崔艳秋
土木工程概论（第二版）	阎　石
工程力学	郭应征
结构力学（第二版）（研究生入学考试辅导）	于玲玲
建筑力学与建筑结构（第二版）	刘丽华
砌体结构（第二版）	谢启芳
混凝土结构设计原理（第二版）	薛建阳
混凝土结构设计	薛建阳
混凝土及砌体结构（第二版）	黄　炜
混凝土结构原理与设计习题集及题解	王　威
建筑结构设计	李碧雄
建筑工程结构检测技术实验教程	曹鹏程
钢结构（第四版）	曹平周
特种结构	黄太华
高层建筑混凝土结构	黄林青
建筑结构抗震设计	车　轶
STABILITY OF STEEL STRUCTURES—THEORY AND DESIGN（钢结构稳定——理论与设计）	陈　骥
土力学	王铁行
土力学与地基基础（第二版）	李相然
地基处理	张振营
路基及支挡结构	尹紫红
土木工程施工组织与管理（第二版）	张长友
土木工程施工（第二版）	张长友
现代土木工程施工技术（第二版）	李建峰
建筑施工技术	杨正凯
建筑施工组织	张华明
工程项目管理	贺成龙

中国电力出版社官方微信　　中国电力教材服务官方微信

中国电力出版社教材中心
教材网址　http://jc.cepp.sgcc.com.cn
服务热线　010-63412706　63412548

ISBN 978-7-5123-9370-7
9 787512 393707 >
定价：16.00 元

《土木工程材料》实验报告

（20___ ~ 20___ 学年 第 ___ 学期）

专　　业 ______________

课　　程 ______________

学 时 数 ______________

班　　级 ______________

学生姓名 ______________

学　　号 ______________

指导教师 ______________

中国电力出版社
CHINA ELECTRIC POWER PRESS

试验一　水泥试验

试验日期：________年________月________日

一、试验目的

二、试验仪器及用具

三、试验步骤

四、试验记录与计算

1. 标准稠度用水量测定

试验次数	水泥质量 C (g)	加水量 W (g)	试杆距底板距离 (mm)	标准稠度用水量 P (%)	备注
1	500				标准稠度以试杆距底板 6mm±1mm 为准
2	500				
3	500				
4	500				

2. 安定性测定

试饼法					
试饼尺寸	养护时间	煮前外形情况	沸煮时间	煮后外形情况	安定性判断

雷氏法							
养护时间 (h)	煮前针尖距离 A (mm)	沸煮时间 (h)	煮后针尖距离 C (mm)	$C-A$ (mm)	差值 (mm)	平均值 (mm)	安定性判断

3. 水泥胶砂强度检验（ISO 法）

水泥胶砂强度检验结果

<table>
<tr><td rowspan="2">试样龄期</td><td colspan="4">抗折强度</td><td colspan="4">抗压强度</td></tr>
<tr><td>序号</td><td>破坏荷载
（kN）</td><td>抗折强度
（MPa）</td><td>平均值
（MPa）</td><td>序号</td><td>破坏荷载
（kN）</td><td>抗压强度
（MPa）</td><td>平均值
（MPa）</td></tr>
<tr><td rowspan="6">28d</td><td rowspan="2">1</td><td rowspan="2"></td><td rowspan="2"></td><td rowspan="6"></td><td>1</td><td></td><td></td><td rowspan="6"></td></tr>
<tr><td>2</td><td></td><td></td></tr>
<tr><td rowspan="2">2</td><td rowspan="2"></td><td rowspan="2"></td><td>3</td><td></td><td></td></tr>
<tr><td>4</td><td></td><td></td></tr>
<tr><td rowspan="2">3</td><td rowspan="2"></td><td rowspan="2"></td><td>5</td><td></td><td></td></tr>
<tr><td>6</td><td></td><td></td></tr>
</table>

五、结果分析

试验二　混凝土用骨料试验

试验日期：________年________月________日

一、试验目的

二、试验仪器及用具

三、试验步骤

四、试验记录与计算

1. 砂子表观密度测定（精确至 0.01g/cm³）

计算公式：$\rho_0=\frac{m}{V_{排}}=\frac{m\rho_{水}}{m+m_2-m_1}$

试验次数	干砂质量 m (g)	瓶+砂+水质量 m_1 (g)	瓶+水质量 m_2 (g)	表观密度 (g/cm³)	表观密度平均值 (g/cm³)
1					
2					

2. 砂子堆积密度测定（精确至 10kg/m³）

计算公式：$\rho'_0=\frac{m}{V_{筒}}=\frac{1000(m_2-m_1)}{V_{筒}}$

试验次数	容量筒容积 $V_{筒}$ (L)	容量筒质量 m_1 (kg)	砂+容量筒质量 m_2 (kg)	砂质量 m (kg)	堆积密度 (kg/m³)	堆积密度平均值 (kg/m³)
1						
2						

3. 砂子空隙率计算（精确至 1%）

空隙率：$p'=\left(1-\frac{\rho'_0}{\rho_0}\right)\times100\%=$

4. 砂子筛分析试验

筛孔尺寸 (mm)	第一次（筛前砂样质量 500g）			第二次（筛前砂样质量 500g）		
	筛余量 (g)	分计筛余百分率 a_i (%)	累计筛余百分率 A_i (%)	筛余量 (g)	分计筛余百分率 a_i (%)	累计筛余百分率 A_i (%)
9.50						
4.75		$a_1=$	$A_1=$		$a_1=$	$A_1=$
2.36		$a_2=$	$A_2=$		$a_2=$	$A_2=$
1.18		$a_3=$	$A_3=$		$a_3=$	$A_3=$
0.6		$a_4=$	$A_4=$		$a_4=$	$A_4=$
0.3		$a_5=$	$A_5=$		$a_5=$	$A_5=$
0.15		$a_6=$	$A_6=$		$a_6=$	$A_6=$
<0.15						
总计 (g)		砂样相对误差（%）：			砂样相对误差（%）：	
细度模数	（精确至 0.1）			（精确至 0.1）		
细度模数平均值	$\overline{M_x}=\frac{(A_2+A_3+A_4+A_5+A_6)-5A_1}{100-A_1}=$					结论：属　　砂

5. 石子表观密度测定（精确至0.01g/cm³）

计算公式：$\rho_0 = \frac{m}{V_{排}} = \frac{m\rho_{水}}{m + m_2 - m_1}$

试验次数	石子质量 m (g)	广口瓶＋石＋水质量 m_1 (g)	广口瓶＋水质量 m_2 (g)	表观密度 (g/cm³)	表观密度平均值 (g/cm³)
1					
2					

五、结果分析

试验三　普通混凝土试验

试验日期：________年________月________日

配合比设计原始资料：

混凝土设计等级：

坍落度（维勃稠度）：

水泥：　品种：________标号：________密度：________出厂日期：________

细骨科：　品种：________表观密度：________级配：________松堆密度：________

　　细度模数：________

粗骨科：　品种：________表观密度：________级配：________松堆密度：________

　　最大粒径：________

一、试验目的

二、试验仪器及用具

三、试验步骤

四、试验记录与计算

（一）试拌及和易性试验

1. 本组初步计算配合比

1m³ 混凝土各材料用量

混凝土设计等级	水泥（kg）	水（kg）	细骨料（kg）	粗骨料（kg）	水灰比 W/C

2. 试拌及和易性调整

试拌________L 混凝土及调整材料用量

试拌及调整次数	水泥质量（kg）	水质量（kg）	细骨料质量（kg）	粗骨料质量（kg）	坍落度（mm）	维勃稠度（s）	黏聚性	保水性
试拌量								
调整量 1								
调整量 2								
总用量						调整后和易性		

3. 制作试件及实测混凝土表观密度

混凝土表观密度实测结果

试件编号	试模容积（m³）	试模质量（kg）	试模及混凝土质量（kg）	混凝土净质量（kg）	混凝土表观密度（kg/m³）
1					
2					
3					
混凝土表观密度平均值（kg/m³，精确至 10kg/m³）					

4. 基准配合比计算

本组每立方米混凝土组成材料用量按下式计算：

$$C=\frac{C_{拌}}{C_{拌}+S_{拌}+G_{拌}+W_{拌}}\times\rho_{ch实}=$$

$$S=\frac{S_{拌}}{C_{拌}+S_{拌}+G_{拌}+W_{拌}}\times\rho_{ch实}=$$

$$G=\frac{G_{拌}}{C_{拌}+S_{拌}+G_{拌}+W_{拌}}\times\rho_{ch实}=$$

$$W=\frac{W_{拌}}{C_{拌}+S_{拌}+G_{拌}+W_{拌}}\times\rho_{ch实}=$$

（二）混凝土强度测定

1. 混凝土强度无损检测（回弹法）

试件	回弹值																
	1	2	3	4	5	6	7	8	9	10	11	12	13	14	15	16	N_m
1																	
2																	
3																	

混凝土强度推定：

试件	回弹值修正后值	强度换算值（MPa）	强度换算值标准差（MPa）	强度推定值（MPa）
1				
2				
3				

2. 立方体抗压强度

试验机最大加载范围：________kN

使用的最大加载范围：________kN

加荷速度：________kN/s 或________MPa/s

本组抗压强度试验结果

试件编号	龄期（d）	试件尺寸			破坏荷载（kN）	抗压强度 f_c（MPa）
		长（mm）	宽（mm）	面积（mm^2）		
1						
2						
3						
抗压强度评定值（MPa）						

五、结果分析

附：普通混凝土配合比设计

试验四　材料基本性质试验

试验日期：________年________月________日

一、试验目的

二、试验仪器及用具

三、试验步骤

四、试验记录与计算

1．密度试验

试样编号	试样质量 (g)			试样体积（cm^3）			密度 ρ (g/cm^3)
				初读数 V_0	初读数 V_1	试样体积 V_2	
1							
2							

2．表观密度试验

试样外观尺寸 (cm)	长度 a				宽度 b				高度 c			
	a_1	a_2	a_3	$\bar{a}$	b_1	b_2	b_3	$\bar{b}$	c_1	c_2	c_3	$\bar{c}$
外观体积 V_0												
表观密度 ρ_0												

3．孔隙率计算：

$$p=\left(1-\frac{\rho_0}{\rho}\right)\times 100\%=$$

4．吸水率试验

试样编号	试样质量 m (g)	吸水饱和后试样质量 m_1 (g)	吸水质量 m_w (g)	吸水率 W (%)
1				
2				
3				
平均吸水率（%）				

五、结果分析

试验五　砂浆试验

试验日期：________年________月________日

砂浆配合比设计原始资料：

砂浆　　设计等级：________稠度：________

水泥　　品种：________标号：________

　　　　密度：________出厂日期：________

细骨料　品种：________细度模数：________

　　　　最大粒径：________表观密度：________

石灰膏（或黏土膏）沉入度：________

一、试验目的

二、试验仪器及用具

三、试验步骤

四、试验记录与计算

（一）试拌及稠度、分层度测定

1. 计算配合比及试拌量

1m³ 砂浆中各材料用量 (kg)

设计等级	配制强度（MPa）	水泥	细骨料	石灰膏	水

搅拌________L 各材料用量 (kg)

水泥	细骨料	石灰膏	水

2. 稠度测定

序次	1	2	评定值（平均值）
沉入度（cm）			
加水量（kg）			

3. 分层度测定

序次	第一次稠度	第二次稠度	差值	评定值（平均值）
1				
2				

（二）试件制作

试件尺寸（mm）：________

制作数量：________

（三）抗压强度测定

试件编号	龄期（d）	受力面积（mm^2）	破坏荷载（N）	抗压强度（MPa）	评定强度（MPa）
1					
2					
3					
4					
5					
6					

五、结果分析

试验六　钢筋试验

试验日期：________年________月________日

一、试验目的

二、试验仪器及用具

三、试验步骤

四、试验记录与计算

试验数据记录及处理

试样	原始直径 d_0（mm）	原始标距 L_0（mm）	断后直径 d_1（mm）	断后标距 L_1（mm）	屈服强度 σ_s（MPa）	最大荷载（N）	抗拉强度 σ_b（MPa）	断后伸长率（%）
1								
2								
3								

五、结果分析

试验七　石油沥青试验

试验日期：________年________月________日

一、试验目的

二、试验仪器及用具

三、试验步骤

四、试验记录与计算

1. 针入度测定

试验次数	试验温度 T（℃）	试验荷载 m（g）	经历时间 t（s）	针入度 P_1（1/10mm）	针入度平均值 P（1/10mm）	试验精度校核
1						
2						
3						

2. 延度测定

试验温度 T（℃）	延伸速度 V（cm/min）	延伸值（cm）				精度校核
		试件 1	试件 2	试件 3	平均值	

3. 软化点测定

试验次数	开始加热时介质温度（℃）	软化点（℃）		软化点平均值（℃）
		1	2	
1				
2				

五、结果分析